計算問題中心の

線形代数学

第２版

米 田 二 良 著

学術図書出版社

はじめに

この本は，数学専攻を除く理工学系の大学１年生を対象にした線形代数学の教科書で，これらの学生にとって必要な知識の最大公約数の少し上をねらって書いたつもりである．内容は前半は行列および行列式，後半は数ベクトル空間と固有値，固有ベクトルを扱っている．前半部分では，行列の基本変形とその応用としての逆行列と連立１次方程式の解の計算そして行列式の計算に重点を置いている．後半部分では，実数を成分とする数ベクトル空間 $\mathbb{R}^n$ およびその部分空間上で，ベクトル空間の概念を数値計算をしながら学び，その後，固有値と固有ベクトルの計算方法とそれらの応用としての行列の対角化の問題と実対称行列の直交行列による対角化の問題を取り上げている．この本では，行列および行列式の成分はすべて実数に限った．これは，計算練習をやりやすくするためである．また，扱うベクトル空間は，$\mathbb{R}^n$ およびその部分空間である．これは，計算することによってベクトル空間の概念を学ぶと同時に，この概念を直感的，幾何学的に理解しやすくするためである．

以上でも説明したように，またこの本のタイトルの「**計算問題中心の**」が示すように問題は計算問題に限り，計算問題以上の程度の高い問題は取り上げなかった．また，章末問題の項も設けなかった．一般の線形代数学の教科書の章末問題で扱われているような程度の高い問題にアタックしたい学生やこれ以上線形代数学を学びたい学生は，市販の線形代数学の教科書でよい本が沢山あるので，それらをご覧になることをお勧めする．

最後に，原稿の完成が遅れて出版社の方，特に，発田孝夫氏に迷惑をかけた．また，この本の出版に際して発田氏には，たいへんお世話になった．ここにお詫びをするとともに深く感謝致します．

1997 年 1 月

米田二良

第2版について

高校での履修状況ならびに大学入試の多様化に伴い，大学に入学してくる学生の高校数学についての習熟度に差が出てきた．たとえば，ベクトルを学んだことのない学生，一方では平面ベクトル，空間ベクトルおよび2次行列，3次行列の扱いに慣れている学生などである．今回の改訂にあたっては，このような両方の学生を考えながらも，特に高校でベクトルや行列についてほとんど学んできていない学生に配慮している．具体的には初版と比べて異なる点は以下の通りである．

- 第0章として第1章の前に「ベクトル」の章を設け，平面ベクトルと空間ベクトルの基本事項の説明と簡単な計算演習を載せた．また，$\mathbb{R}^3$ の部分空間などの概念を理解するために欠かせない空間内の平面の方程式についても触れている．

- 第1章では．列の交換以外の列基本変形は必要がないので，基本変形は行基本変形のみを扱うことにした．また，同次連立1次方程式と非同次連立1次方程式を統一的に扱うために1つの節にまとめた．

- 第2章では，行列式についての解説は，2次の場合，3次の場合，4次以上の場合に分けてある．特に2次の行列式についてはその数学的意味についての説明にページを割いた．転置行列の行列式の値が元の行列式の値と変わらないことの証明は付録に載せてある．本文では，行列式は列の変形でも行基本変形と同じ性質をもつことのみが述べられている．

- 第3章では，直交補空間の節が追加されているが，基礎的なクラスでは省略してもよいと考えている．

- 第4章では，より重要性の高い「実対称行列の直交行列による対角化」を

「行列が対角化できるための条件」(初版では「行列の対角化 2」) の前に置いた．これは大学 1 年生の線形代数学の講義においては「実対称行列の直交行列による対角化」のところまでは学んで欲しいとの希望でもある．

第 2 版を出すにあたって，梅津裕美子先生，藤森雅己先生，佐藤敏彦先生ならびに谷戸光昭先生から誤植や内容について多くの有益な助言をいただきました．ここで感謝を表します．また，第 2 版の原稿を仕上げるのに長い間待っていただき，また図を含んだ体裁などでご尽力をいただいた発田孝夫氏には謝意を表します．

2010 年 9 月

米田二良

目次

0

ベクトル

この章では，高校数学で扱われている平面上のベクトルと空間内のベクトルについて証明なしに例を通して簡単に説明をする．その後，空間内の平面の方程式をヘッセの標準形を通して解説する．

0.1　平面上のベクトル

平面上の 1 点を始点とする向きをもった線分を**平面上のベクトル**と呼ぶ．平面上のベクトルは，$\boldsymbol{a}, \boldsymbol{b}, \cdots$ と表される．また，始点が P で，終点が Q であるベクトルは，$\overrightarrow{\mathrm{PQ}}$ で表される．平面上のベクトルを数値で表すときは，座標が入っている平面上で考え，ベクトルを平行移動して，始点を原点 O にしたときの終点の座標で考える．この教科書では，ベクトルを数値で表すときは縦ベクトルを用いる．たとえば，終点の座標が $(2,1)$ のときは，そのベクトルを $\begin{pmatrix} 2 \\ 1 \end{pmatrix}$ で表す．

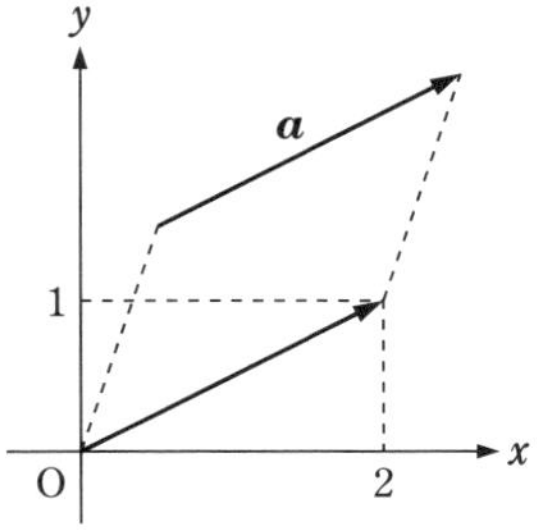

図 **0.1**　$\boldsymbol{a} = \begin{pmatrix} 2 \\ 1 \end{pmatrix}$

始点が同じである2つの平面上のベクトル $\boldsymbol{a}, \boldsymbol{b}$ について $\boldsymbol{a}, \boldsymbol{b}$ が同一直線上にないときは $\boldsymbol{a}, \boldsymbol{b}$ から作られる平行四辺形の第4の頂点を終点とするベクトルを $\boldsymbol{a}+\boldsymbol{b}$ で表す.

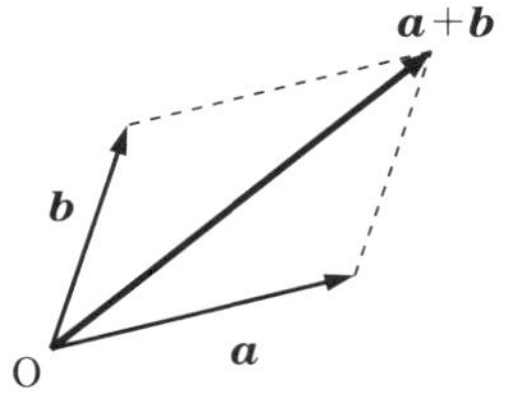

図 0.2　$\boldsymbol{a}$ と $\boldsymbol{b}$ の和 $\boldsymbol{a}+\boldsymbol{b}$

同一直線上にあって，向きが同じ場合には2つの線分をつなげたときの原点でない端の点を終点とするベクトルを $\boldsymbol{a}+\boldsymbol{b}$ で表す.

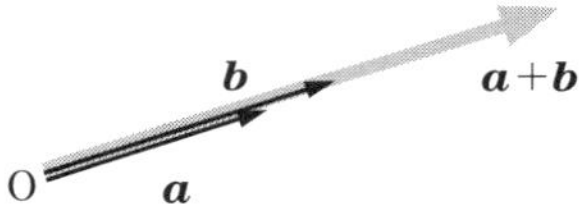

図 0.3

同一直線上にあって，向きが異なる場合には向きは長さが大きい方の向きになり，長さは引いたものになる.

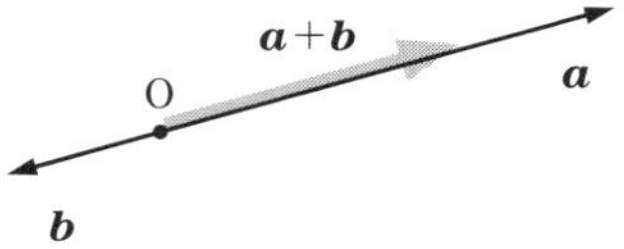

図 0.4

よって，長さが等しい場合は1点になり，これを零ベクトルと呼び，$\mathbf{0}$ で表す.

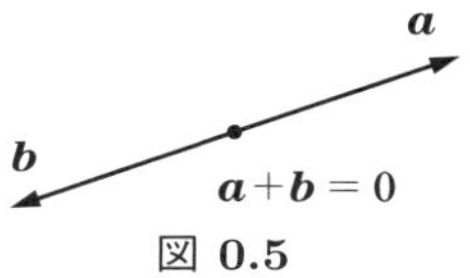

図 0.5

c が実数のとき，$\boldsymbol{a}$ の c 倍 $c\boldsymbol{a}$ とは，c が正のときは線分の長さを c 倍したものになり，c が負のときは逆向きに線分の長さを $|c|$ 倍したものになる．c が 0 のときは，零ベクトル $\mathbf{0}$ である．

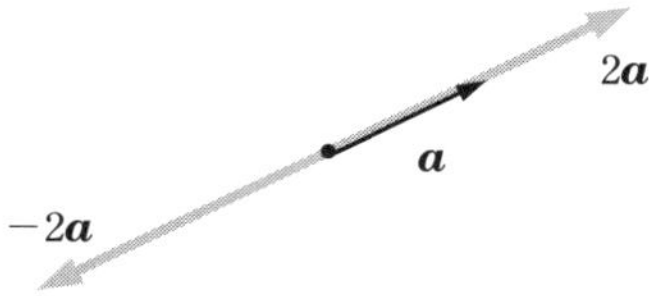

図 **0.6**　$\boldsymbol{a}$ の c 倍 $c\boldsymbol{a}$

よって，$\boldsymbol{a} = \begin{pmatrix} a_1 \\ a_2 \end{pmatrix}, \boldsymbol{b} = \begin{pmatrix} b_1 \\ b_2 \end{pmatrix}$, c を実数とすると

$$\boldsymbol{a} + \boldsymbol{b} = \begin{pmatrix} a_1 + b_1 \\ a_2 + b_2 \end{pmatrix}, c\boldsymbol{a} = \begin{pmatrix} ca_1 \\ ca_2 \end{pmatrix}$$

となる．

ベクトル $\boldsymbol{a} = \begin{pmatrix} a_1 \\ a_2 \end{pmatrix}$ の**長さ**を $|\boldsymbol{a}|$ で表し，$\boldsymbol{a}$ の**絶対値**と呼ぶこともある．このとき，$|\boldsymbol{a}| = \sqrt{{a_1}^2 + {a_2}^2}$ である．

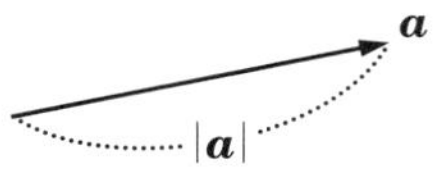

図 **0.7**

また，$\boldsymbol{a} = \begin{pmatrix} a_1 \\ a_2 \end{pmatrix}$ と $\boldsymbol{b} = \begin{pmatrix} b_1 \\ b_2 \end{pmatrix}$ の**内積**を $(\boldsymbol{a}, \boldsymbol{b}) = a_1 b_1 + a_2 b_2$ で定義する．θ を $\boldsymbol{a}$ と $\boldsymbol{b}$ とのなす角（0 ラジアン以上 π ラジアン以下）とすると余弦定理を使うことで

$$(\boldsymbol{a}, \boldsymbol{b}) = |\boldsymbol{a}| \cdot |\boldsymbol{b}| \cos\theta$$

を示すことができる．ただし，角を考えるときは，$\boldsymbol{a}$ と $\boldsymbol{b}$ は $\mathbf{0}$ でないとする．

よって，$\boldsymbol{a}$ と $\boldsymbol{b}$ とのなす角が直角のときは，$\cos\dfrac{\pi}{2} = 0$ で，$(\boldsymbol{a}, \boldsymbol{b}) = 0$ に

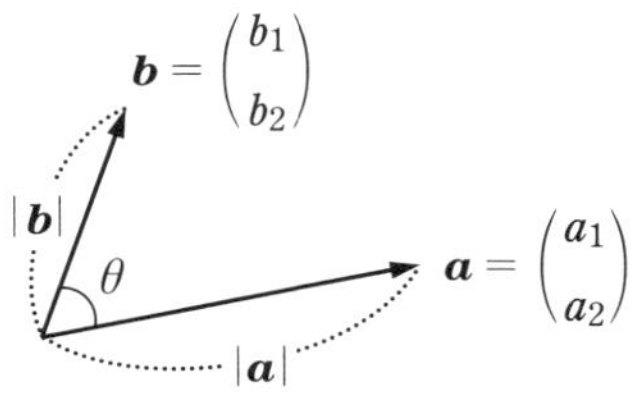

図 0.8　$a_1b_1 + a_2b_2 = |\boldsymbol{a}| \cdot |\boldsymbol{b}| \cos\theta$

なる.

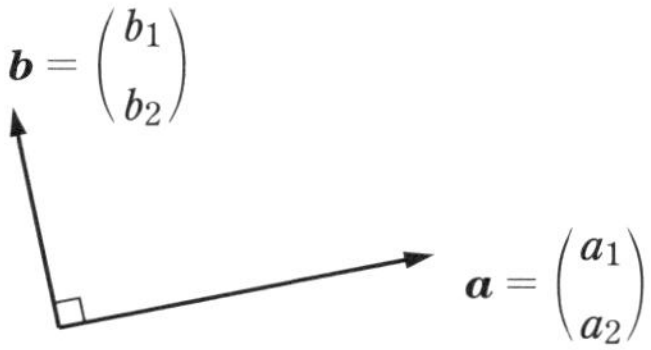

図 0.9　$a_1b_1 + a_2b_2 = (\boldsymbol{a}, \boldsymbol{b}) = 0$

このとき, $\boldsymbol{a}$ と $\boldsymbol{b}$ は**直交**しているという.

例 0.1　$\boldsymbol{a} = \begin{pmatrix} -1 \\ 2 \end{pmatrix}, \boldsymbol{b} = \begin{pmatrix} 6 \\ -10 \end{pmatrix}$ のとき, 次のベクトルを求めよ.

(1) $2\boldsymbol{a}$　　(2) $-2\boldsymbol{b}$　　(3) $\boldsymbol{a} + \boldsymbol{b}$　　(4) $-3\boldsymbol{a} + \dfrac{1}{2}\boldsymbol{b}$

解.

(1) $2\boldsymbol{a} = \begin{pmatrix} 2 \times (-1) \\ 2 \times 2 \end{pmatrix} = \begin{pmatrix} -2 \\ 4 \end{pmatrix}$

(2) $-2\boldsymbol{b} = \begin{pmatrix} -12 \\ 20 \end{pmatrix}$

(3) $\boldsymbol{a} + \boldsymbol{b} = \begin{pmatrix} -1 + 6 \\ 2 - 10 \end{pmatrix} = \begin{pmatrix} 5 \\ -8 \end{pmatrix}$

(4) $-3\boldsymbol{a} + \dfrac{1}{2}\boldsymbol{b} = \begin{pmatrix} 3 \\ -6 \end{pmatrix} + \begin{pmatrix} 3 \\ -5 \end{pmatrix} = \begin{pmatrix} 6 \\ -11 \end{pmatrix}$

例 0.2　$\boldsymbol{a}=\begin{pmatrix}1\\\sqrt{3}\end{pmatrix}, \boldsymbol{b}=\begin{pmatrix}t\\1\end{pmatrix}$ について次の問に答えよ．ただし，t は定数である．

(1) $|\boldsymbol{a}|$ を求めよ．

(2) $|\boldsymbol{b}|$ を t を使って表せ.

(3) $\boldsymbol{a}$ と $\boldsymbol{b}$ との内積 $(\boldsymbol{a},\boldsymbol{b})$ を t を使って表せ.

(4) $\boldsymbol{a}$ と $\boldsymbol{b}$ が直交するように定数 t を定めよ．

(5) $\boldsymbol{a}$ と $\boldsymbol{b}$ とのなす角が $\dfrac{\pi}{3}$ であるという．このとき，定数 t を求めよ．

解.

(1) $|\boldsymbol{a}|=\sqrt{1^2+(\sqrt{3})^2}=\sqrt{4}=2$

(2) $|\boldsymbol{b}|=\sqrt{t^2+1}$

(3) $(\boldsymbol{a},\boldsymbol{b})=t+\sqrt{3}$

(4) $\boldsymbol{a}$ と $\boldsymbol{b}$ が直交するための条件は，$0=(\boldsymbol{a},\boldsymbol{b})=t+\sqrt{3}$ である．よって，$t=-\sqrt{3}$.

(5) $t+\sqrt{3}=(\boldsymbol{a},\boldsymbol{b})=|\boldsymbol{a}|\cdot|\boldsymbol{b}|\cos\dfrac{\pi}{3}=2\sqrt{t^2+1}\times\dfrac{1}{2}=\sqrt{t^2+1}$ が成立する．両辺を 2 乗すると，$t^2+2\sqrt{3}t+3=t^2+1$ になるので $t=-\dfrac{1}{\sqrt{3}}$ となる．

問 0.1　$\boldsymbol{a}=\begin{pmatrix}6\\-12\end{pmatrix}, \boldsymbol{b}=\begin{pmatrix}-\sqrt{2}\\2\sqrt{2}\end{pmatrix}$ のとき，次のベクトルを求めよ．

(1) $\dfrac{1}{3}\boldsymbol{a}$　　(2) $-\sqrt{2}\boldsymbol{b}$　　(3) $\dfrac{1}{6}\boldsymbol{a}+\dfrac{\sqrt{2}}{2}\boldsymbol{b}$

問 0.2　$\boldsymbol{a}=\begin{pmatrix}1\\-1\end{pmatrix}, \boldsymbol{b}=\begin{pmatrix}-1\\t\end{pmatrix}$ について，次の問に答えよ．ただし，t は定数である．

(1) $|\boldsymbol{a}|$ を求めよ．

(2) $|\boldsymbol{b}|$ を t を使って表せ.

(3) $\boldsymbol{a}$ と $\boldsymbol{b}$ との内積 $(\boldsymbol{a},\boldsymbol{b})$ を t を使って表せ.

(4) $\boldsymbol{a}$ と $\boldsymbol{b}$ が直交するように定数 t を定めよ．

(5) $\boldsymbol{a}$ と $\boldsymbol{b}$ とのなす角が $\dfrac{3\pi}{4}$ であるという．このとき，定数 t を求めよ．

0.2　空間内のベクトル

平面上のベクトルと同じように空間内のベクトルを以下のように定義することができる．空間内の 1 点を始点とする向きをもった線分を**空間内のベクトル**と呼び，平面上のベクトルと同じように $\boldsymbol{a}, \boldsymbol{b}, \cdots$ で表す．空間内のベクトルを数値で表すときは，座標が入っている空間内で考え，ベクトルを平行移動して，始点を原点 O にしたときの終点の座標で考える．たとえば，終点の座標が $(1, -2, -3)$ のときは，そのベクトルを $\begin{pmatrix} 1 \\ -2 \\ -3 \end{pmatrix}$ で表す．始点が同じである 2 つの空間内のベクトル $\boldsymbol{a}, \boldsymbol{b}$ について 平面上のベクトルと同様に $\boldsymbol{a}$ と $\boldsymbol{b}$ の和 $\boldsymbol{a}+\boldsymbol{b}$ を定義することができる．また，始点と終点が一致しているベクトルを零ベクトルと呼び，$\boldsymbol{0}$ で表す．$\boldsymbol{a}$ の c 倍 $c\boldsymbol{a}$ も平面上のベクトルと同様に考えることができる．よって，$\boldsymbol{a} = \begin{pmatrix} a_1 \\ a_2 \\ a_3 \end{pmatrix}, \boldsymbol{b} = \begin{pmatrix} b_1 \\ b_2 \\ b_3 \end{pmatrix}$, c を実数とすると

$$\boldsymbol{a}+\boldsymbol{b} = \begin{pmatrix} a_1+b_1 \\ a_2+b_2 \\ a_3+b_3 \end{pmatrix}, \ c\boldsymbol{a} = \begin{pmatrix} ca_1 \\ ca_2 \\ ca_3 \end{pmatrix}$$

となる．

空間内のベクトル $\boldsymbol{a}$ の長さを $|\boldsymbol{a}|$ で表し，$\boldsymbol{a}$ の**絶対値**と呼ぶこともある．$\boldsymbol{a} = \begin{pmatrix} a_1 \\ a_2 \\ a_3 \end{pmatrix}$ のとき，$|\boldsymbol{a}| = \sqrt{{a_1}^2 + {a_2}^2 + {a_3}^2}$ である．また，$\boldsymbol{a} = \begin{pmatrix} a_1 \\ a_2 \\ a_3 \end{pmatrix}$ と $\boldsymbol{b} = \begin{pmatrix} b_1 \\ b_2 \\ b_3 \end{pmatrix}$ の**内積**を $(\boldsymbol{a}, \boldsymbol{b}) = a_1b_1 + a_2b_2 + a_3b_3$ で定義する．θ を $\boldsymbol{a}$ と $\boldsymbol{b}$

とのなす角とすると平面上のベクトル同様に

$$(\boldsymbol{a},\boldsymbol{b}) = |\boldsymbol{a}| \cdot |\boldsymbol{b}| \cos\theta$$

を示すことができる，よって，$\boldsymbol{a}$ と $\boldsymbol{b}$ とのなす角が直角のときは，$\cos\dfrac{\pi}{2} = 0$ で，$(\boldsymbol{a},\boldsymbol{b}) = 0$ になる．このとき，$\boldsymbol{a}$ と $\boldsymbol{b}$ は**直交**しているという．

問 0.3　$\boldsymbol{a} = \begin{pmatrix} -1 \\ 2 \\ -3 \end{pmatrix}, \boldsymbol{b} = \begin{pmatrix} 3 \\ -6 \\ 5 \end{pmatrix}$ のとき，次のベクトルを求めよ．

(1) $-3\boldsymbol{a}$　　(2) $\boldsymbol{a}+\boldsymbol{b}$　　(3) $\dfrac{3}{2}\boldsymbol{a} - \dfrac{1}{2}\boldsymbol{b}$

問 0.4　$\boldsymbol{a} = \begin{pmatrix} 1 \\ -1 \\ -2 \end{pmatrix}, \boldsymbol{b} = \begin{pmatrix} t \\ 1 \\ -1 \end{pmatrix}$ について，次の問に答えよ．ただし，t は定数である．

(1) $|\boldsymbol{a}|$ を求めよ．

(2) $|\boldsymbol{b}|$ を t を使って表せ．

(3) $\boldsymbol{a}$ と $\boldsymbol{b}$ との内積 $(\boldsymbol{a},\boldsymbol{b})$ を t を使って表せ．

(4) $\boldsymbol{a}$ と $\boldsymbol{b}$ が直交するように定数 t を定めよ．

(5) $\boldsymbol{a}$ と $\boldsymbol{b}$ とのなす角が $\dfrac{\pi}{3}$ であるという．このとき，定数 t を求めよ．

0.3 空間内の直線と平面の方程式

空間内の直線 l の方程式を考えてみよう．直線 l は，その上の 1 点と直線 l に平行なベクトルが与えられることで決まる．l 上の 1 点を $\mathrm{P}_0(x_0, y_0, z_0)$，平行なベクトルは原点を始点とするベクトル $\boldsymbol{v} = \begin{pmatrix} a \\ b \\ c \end{pmatrix}$ とする．いま，直線 l 上に P_0 とは異なる 1 点 $\mathrm{P}(x, y, z)$ をとる．このとき，ベクトル $\overrightarrow{\mathrm{P}_0\mathrm{P}} = \begin{pmatrix} x - x_0 \\ y - y_0 \\ z - z_0 \end{pmatrix}$

はベクトル $\boldsymbol{v}$ に平行であるので，$\overrightarrow{\mathrm{P_0P}}$ を平行移動して原点を始点とするベクトルと考えたとき，ある t で，$\overrightarrow{\mathrm{P_0P}} = t\boldsymbol{v}$ と表せる．逆に，$\overrightarrow{\mathrm{P_0P}} = t\boldsymbol{v}$ で表される点 P は直線 l 上にある．よって，直線 l の方程式は，t を媒介変数として

$$\begin{cases} x = x_0 + at \\ y = y_0 + bt \\ z = z_0 + ct \end{cases}$$

で表される．特に，$abc \neq 0$ のとき，この方程式を t について解くと直線 l の媒介変数 t を使わない方程式

$$\frac{x - x_0}{a} = \frac{y - y_0}{b} = \frac{z - z_0}{c}$$

が得られる．

例 0.3　2 点 P$(1, -2, 3)$, Q$(3, 2, 5)$ を通る直線 l の方程式を求めよ．

解. 直線 l は，点 P$(1, -2, 3)$ を通り，ベクトル

$$\overrightarrow{\mathrm{PQ}} = \begin{pmatrix} 3 - 1 \\ 2 - (-2) \\ 5 - 3 \end{pmatrix} = \begin{pmatrix} 2 \\ 4 \\ 2 \end{pmatrix}$$

に平行である．よって，直線 l の方程式は，媒介変数 t を使うと

$$\begin{cases} x = 1 + 2t \\ y = -2 + 4t \\ z = 3 + 2t \end{cases}$$

で表される．この方程式を t について解くと直線 l の媒介変数 t を使わない方程式

$$\frac{x - 1}{2} = \frac{y + 2}{4} = \frac{z - 3}{2}$$

を得る．

問 0.5　2 点 P$(5, -2, 3)$, Q$(2, -1, 0)$ を通る直線 l の方程式を媒介変数 t を使って表せ．また，使わないで表せ．

例 0.4　　点 $\mathrm{P}(3,-2,-4)$ を通り，ベクトル $\begin{pmatrix} 1 \\ -3 \\ -2 \end{pmatrix}$ に平行な直線 l が，xy 平面と交わる点を求めよ．

解. 直線 l の方程式は，媒介変数 t を使うと

$$\begin{cases} x = 3 + t \\ y = -2 - 3t \\ z = -4 - 2t \end{cases}$$

で表される．xy 平面は，$z = 0$ で表されるから，上記の方程式で $z = 0$ とおくと $t = -2$ が得られる．また，$t = -2$ を方程式に代入すると $x = 1,\ y = 4$ が得られるので，求める点は $(1, 4, 0)$ である．

問 0.6　　点 $\mathrm{P}(-2,-3,2)$ を通り，ベクトル $\begin{pmatrix} 2 \\ -3 \\ -1 \end{pmatrix}$ に平行な直線 l が，yz 平面と交わる点を求めよ．

次に，空間内の平面 α の方程式について考えてみよう．最初に，原点 O は平面 α 上にないとする．原点 O より平面 α に下ろした垂線の足を H とすると，点 $\mathrm{P}(x, y, z)$ が平面 α 上にあることと，$(\overrightarrow{\mathrm{OH}}, \overrightarrow{\mathrm{PH}}) = 0$ をみたすことは同値である．

$\overrightarrow{\mathrm{OH}}$ を $h = |\overrightarrow{\mathrm{OH}}|$ で割った長さ 1 のベクトルを $\boldsymbol{e}$ とすると，$\overrightarrow{\mathrm{OH}} = h\boldsymbol{e}$ で，$(\boldsymbol{e}, \overrightarrow{\mathrm{PH}}) = 0$ が成立する．よって，$\overrightarrow{\mathrm{PH}} = \overrightarrow{\mathrm{OH}} - \overrightarrow{\mathrm{OP}}$ だから，

$$\begin{aligned} 0 = (\boldsymbol{e}, \overrightarrow{\mathrm{PH}}) &= (\boldsymbol{e}, \overrightarrow{\mathrm{OH}} - \overrightarrow{\mathrm{OP}}) = (\boldsymbol{e}, \overrightarrow{\mathrm{OH}}) - (\boldsymbol{e}, \overrightarrow{\mathrm{OP}}) \\ &= (\boldsymbol{e}, h\boldsymbol{e}) - (\boldsymbol{e}, \overrightarrow{\mathrm{OP}}) = h - (\boldsymbol{e}, \overrightarrow{\mathrm{OP}}) \end{aligned}$$

となるので，$(\boldsymbol{e}, \overrightarrow{\mathrm{OP}}) = h$ が成立する．すなわち，$\boldsymbol{e} = \begin{pmatrix} l \\ m \\ n \end{pmatrix}$ とすると，平面 α

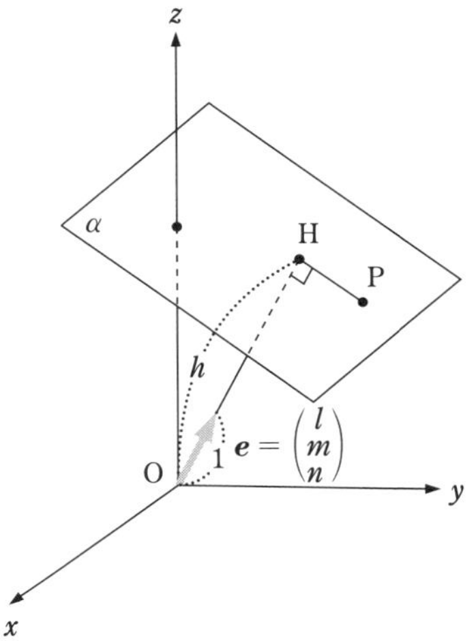

図 0.10　ヘッセの標準形 $lx + my + nz = h$

の方程式 $lx+my+nz=h$ が得られる．原点Oが平面 α 上にあるときは，$\boldsymbol{e}$ を原点Oを始点とする平面 α に直交する長さ1のベクトルとすると，$(\boldsymbol{e}, \overrightarrow{\mathrm{OP}}) = 0$ なので，方程式 $lx+my+nz=0$ を得る．この方程式 $lx+my+nz=h$ を平面 α の**ヘッセの標準形**と呼ぶ．ここで，$l^2+m^2+n^2=1$ であり，$h \geqq 0$ であることを注意しておく．

逆に，方程式 $ax+by+cz=d$, $(a,b,c) \neq (0,0,0)$ をみたす点 (x,y,z) 全体の集合は，ベクトル $\begin{pmatrix} a \\ b \\ c \end{pmatrix}$ と直交する平面で，原点からの距離が

$$\frac{|d|}{\sqrt{a^2+b^2+c^2}}$$

であることがわかる．この場合，ヘッセの標準形は，$d \geqq 0$ のとき

$$\frac{a}{\sqrt{a^2+b^2+c^2}}x + \frac{b}{\sqrt{a^2+b^2+c^2}}y + \frac{c}{\sqrt{a^2+b^2+c^2}}z = \frac{d}{\sqrt{a^2+b^2+c^2}},$$

$d < 0$ のときは

$$-\frac{a}{\sqrt{a^2+b^2+c^2}}x - \frac{b}{\sqrt{a^2+b^2+c^2}}y - \frac{c}{\sqrt{a^2+b^2+c^2}}z = -\frac{d}{\sqrt{a^2+b^2+c^2}}$$

になる．

以上のことから，平面の方程式は $ax+by+cz=d$, $(a,b,c)\neq(0,0,0)$ で表されることがわかる．また，逆に，方程式 $ax+by+cz=d$, $(a,b,c)\neq(0,0,0)$ をみたす点の集合は平面であることもわかる．

例 0.5　3 点 $(0,0,1)$, $(1,-1,-1)$, $(2,-3,3)$ を通る平面のヘッセの標準形とこの平面の原点からの距離を求めよ．

解． 平面の方程式は $ax+by+cz=d$ と表されるが，平面は与えられた 3 点を通るので，関係式

$$\begin{cases} \qquad\qquad c=d \\ a-\ \ b-\ \ c=d \\ 2a-3b+3c=d \end{cases}$$

を得る．よって，$c=d, b=a-2d$ を $2a-3b+3c=d$ に代入すると，$a=8d$ を得るので，$b=6d, c=d$ になる．ゆえに平面の方程式は

$$8dx+6dy+dz=d$$

になる．$d\neq 0$ だから，両辺に $\dfrac{1}{d}$ を掛けて $8x+6y+z=1$ を得るので，ヘッセの標準形は

$$\frac{8}{\sqrt{101}}x+\frac{6}{\sqrt{101}}y+\frac{1}{\sqrt{101}}z=\frac{1}{\sqrt{101}}$$

となる．よって，この平面の原点からの距離は $\dfrac{1}{\sqrt{101}}$ である．

問 0.7　3 点 $(0,0,1)$, $(1,3,-1)$, $(2,5,-6)$ を通る平面のヘッセの標準形とこの平面の原点からの距離を求めよ．

1
行列

この章では，まず行列とその性質を調べるのに重要な行基本変形について学ぶ．そして，行列の行基本変形の応用として逆行列の計算の仕方と連立１次方程式の解の求め方について学ぶ．特に計算問題の例としては，３次または４次の行列そして３元または４元の連立１次方程式を主に取り扱う．

1.1　行列の演算

定義 1.1　$m \times n$ 個の数 a_{ij} $(1 \leqq i \leqq m, 1 \leqq j \leqq n)$ を長方形状に並べた

$$A = \begin{pmatrix} a_{11} & a_{12} & \cdots & a_{1n} \\ a_{21} & a_{22} & \cdots & a_{2n} \\ \vdots & \vdots & \ddots & \vdots \\ a_{m1} & a_{m2} & \cdots & a_{mn} \end{pmatrix}$$

を $\boldsymbol{m}$ **行** $\boldsymbol{n}$ **列の行列**または $(\boldsymbol{m}, \boldsymbol{n})$ **行列**と呼ぶ．上記の表し方を略して $A = (a_{ij})_{1 \leqq i \leqq m, 1 \leqq j \leqq n} = (a_{ij})$ と書くこともある．特に，(n, n) 行列を $\boldsymbol{n}$ **次正方行列**または略して $\boldsymbol{n}$ **次行列**と呼ぶ．また，行列を構成する行を上から下へ**第 1 行, 第 2 行**,$\cdots$, **第** $\boldsymbol{m}$ **行**，そして行列を構成する列を左から右へ**第 1 列, 第 2 列**,$\cdots$, **第** $\boldsymbol{n}$ **列**と呼ぶ．第 i 行かつ第 j 列にある数 a_{ij} を $(\boldsymbol{i}, \boldsymbol{j})$ **成分**と呼ぶ．$(a_{i1}\ a_{i2}\ \cdots\ a_{in})$, $1 \leqq i \leqq m$ を A の**行ベクトル**，$\begin{pmatrix} a_{1j} \\ a_{2j} \\ \vdots \\ a_{mj} \end{pmatrix}$, $1 \leqq j \leqq n$ を A の**列ベクトル**と呼ぶ．行列 A と B が等しい，

すなわち $A = B$ とは，$A = (a_{ij})_{1 \leqq i \leqq m, 1 \leqq j \leqq n}$，$B = (b_{lk})_{1 \leqq l \leqq p, 1 \leqq k \leqq q}$ としたとき，$m = p, n = q$ かつ，すべての i, j について $a_{ij} = b_{ij}$ が成り立つときにいう．

例 1.1

$A = \begin{pmatrix} 1 & 2 & 3 & 4 \\ 5 & 6 & 7 & 8 \\ 9 & 10 & 11 & 12 \end{pmatrix}$ は，3 行 4 列の行列である，すなわち，$(3, 4)$ 行列である．A の第 2 行の行ベクトルは $(5\ 6\ 7\ 8)$ であり，第 3 列の列ベクトルは $\begin{pmatrix} 3 \\ 7 \\ 11 \end{pmatrix}$ である．また，$(2, 3)$ 成分は 7 である．

問 1.1

$A = \begin{pmatrix} 1 & 2 & 3 \\ 4 & 5 & 6 \\ 7 & 8 & 9 \\ 10 & 11 & 12 \end{pmatrix}$ について次の問に答えよ．

(1)　A は何行何列の行列か．

(2)　A の第 3 行の行ベクトルを述べよ．

(3)　A の第 2 列の列ベクトルを述べよ．

(4)　A の $(3, 2)$ 成分を述べよ．

上記で定義された行列には，次の 2 つの演算が定義される．

定義 1.2

(1)　(m, n) 行列 $A = (a_{ij})$, $B = (b_{ij})$ に対して A と B との**和**を

$$A + B = (a_{ij} + b_{ij})$$

とする．(**加法**)

(2) 数 c および (m,n) 行列 $A=(a_{ij})$ に対して A の c **倍** cA を

$$cA=(ca_{ij})$$

とする．(**数乗法** (**スカラー倍**))

行列を扱うとき，数のことを**スカラー**と呼ぶことがある．これは行列の成分の数と区別するためである．ここで，和および数乗法の混ざった計算は普通の数のようにして計算できることを注意しておく．いま，(m,n) 行列ですべての成分が 0 であるようなものを**零行列**と呼び，$O_{m,n}$ と表す．このとき，$O_{m,n}$ は数の 0 のような役目を果す．

例 1.2　次の行列の計算をせよ．

(1) $\begin{pmatrix}1&2&3\\4&5&6\\7&8&9\end{pmatrix}+\begin{pmatrix}-1&2&-3\\4&-5&6\\3&-3&-3\end{pmatrix}$　　(2) $3\begin{pmatrix}1&2&3\\4&5&6\\7&8&9\end{pmatrix}$

解. (1) $\begin{pmatrix}0&4&0\\8&0&12\\10&5&6\end{pmatrix}$　(2) $\begin{pmatrix}3&6&9\\12&15&18\\21&24&27\end{pmatrix}$

例 1.3　連立方程式

$$\begin{cases}X-2Y=\begin{pmatrix}-5&4\\-2&-1\end{pmatrix}\\[2ex] 2X+3Y=\begin{pmatrix}11&1\\-4&12\end{pmatrix}\end{cases}$$

を満たす X,Y を求めよ．

解. 第1式の2倍から第2式を引くと

$$-7Y=\begin{pmatrix}-21&7\\0&-14\end{pmatrix}$$

を得るので

$$Y = \begin{pmatrix} 3 & -1 \\ 0 & 2 \end{pmatrix}$$

である．これを第 1 式に代入して

$$X = \begin{pmatrix} -5 & 4 \\ -2 & -1 \end{pmatrix} + 2\begin{pmatrix} 3 & -1 \\ 0 & 2 \end{pmatrix} = \begin{pmatrix} 1 & 2 \\ -2 & 3 \end{pmatrix}$$

を得る．

問 1.2
$\begin{pmatrix} 5 & 6 & 7 \\ 8 & 9 & 10 \end{pmatrix} - 2\begin{pmatrix} 1 & -2 & 3 \\ -4 & 5 & -6 \end{pmatrix}$ を計算せよ．

問 1.3 連立方程式

$$\begin{cases} X + 2Y = \begin{pmatrix} 2 & -1 \\ -3 & 5 \end{pmatrix} \\ 3X - 4Y = \begin{pmatrix} 6 & 7 \\ 11 & -25 \end{pmatrix} \end{cases}$$

を満たす X, Y を求めよ．

定義 1.3

n 個の実数を縦に並べた n 行 1 列の行列 $\boldsymbol{a} = \begin{pmatrix} a_1 \\ a_2 \\ \vdots \\ a_n \end{pmatrix}$ を **$\boldsymbol{n}$ 次元列ベクトル**と呼び，それら全体の集合

$$\mathbb{R}^n = \{\boldsymbol{a} = \begin{pmatrix} a_1 \\ a_2 \\ \vdots \\ a_n \end{pmatrix} \mid a_1, a_2, \cdots, a_n \text{は実数}\}$$

を **$\boldsymbol{n}$ 次元数ベクトル空間**と呼ぶ．

n 次元列ベクトルは n 行 1 列の行列だから加法と数乗法が定義されている．すなわち，$\mathbb{R}^n$ の元 $\boldsymbol{a} = \begin{pmatrix} a_1 \\ a_2 \\ \vdots \\ a_n \end{pmatrix}$, $\boldsymbol{b} = \begin{pmatrix} b_1 \\ b_2 \\ \vdots \\ b_n \end{pmatrix}$ とスカラー c に対して $\boldsymbol{a}$ と $\boldsymbol{b}$ との**和** $\boldsymbol{a}+\boldsymbol{b}$ および**数乗法** $c\boldsymbol{a}$ は

$$\boldsymbol{a}+\boldsymbol{b} = \begin{pmatrix} a_1+b_1 \\ a_2+b_2 \\ \vdots \\ a_n+b_n \end{pmatrix},\ c\boldsymbol{a} = \begin{pmatrix} ca_1 \\ ca_2 \\ \vdots \\ ca_n \end{pmatrix}$$

である．ここで $\boldsymbol{0} = \begin{pmatrix} 0 \\ 0 \\ \vdots \\ 0 \end{pmatrix} \in \mathbb{R}^n$ を $\boldsymbol{n}$ **次元零ベクトル**と呼ぶが，これは n 行 1 列の零行列である．

> **定義 1.4**　r 個の n 次元列ベクトル $\boldsymbol{a}_1, \boldsymbol{a}_2, \cdots, \boldsymbol{a}_r$ およびスカラー $c_1, c_2, \cdots, c_r$ に対して，n 次元列ベクトル
>
> $$c_1\boldsymbol{a}_1 + c_2\boldsymbol{a}_2 + \cdots + c_r\boldsymbol{a}_r$$
>
> を $\boldsymbol{a}_1, \boldsymbol{a}_2, \cdots, \boldsymbol{a}_r$ の **1 次結合**と呼ぶ．

例 1.4　$\boldsymbol{b} = \begin{pmatrix} 5 \\ -8 \\ 13 \end{pmatrix}$ を $\boldsymbol{a}_1 = \begin{pmatrix} -1 \\ -2 \\ 3 \end{pmatrix}$, $\boldsymbol{a}_2 = \begin{pmatrix} -4 \\ 1 \\ -2 \end{pmatrix}$ の 1 次結合で表せ．

解. $x_1\boldsymbol{a}_1 + x_2\boldsymbol{a}_2 = \boldsymbol{b}$ を満たす x_1, x_2 を求めればよいが，このことは

$$-x_1 - 4x_2 = 5,\ -2x_1 + x_2 = -8, 3x_1 - 2x_2 = 13$$

であることと同じであるので，この連立 1 次方程式を解いて $x_1 = 3$ および $x_2 = -2$ を得る．よって，$\boldsymbol{b}$ を $\boldsymbol{a}_1, \boldsymbol{a}_2$ の 1 次結合で表すと

$$\boldsymbol{b} = 3\boldsymbol{a}_1 - 2\boldsymbol{a}_2$$

である.

問 1.4

(1) $\boldsymbol{a} = \begin{pmatrix} -1 \\ 1 \\ -7 \end{pmatrix}$ を $\boldsymbol{e}_1 = \begin{pmatrix} 1 \\ 0 \\ 0 \end{pmatrix}$, $\boldsymbol{e}_2 = \begin{pmatrix} 0 \\ 1 \\ 0 \end{pmatrix}$, $\boldsymbol{e}_3 = \begin{pmatrix} 0 \\ 0 \\ 1 \end{pmatrix}$ の 1 次結合で表せ.

(2) $\boldsymbol{b} = \begin{pmatrix} 8 \\ 7 \\ 4 \end{pmatrix}$ を $\boldsymbol{a}_1 = \begin{pmatrix} 1 \\ -1 \\ 3 \end{pmatrix}$, $\boldsymbol{a}_2 = \begin{pmatrix} -2 \\ -1 \\ -2 \end{pmatrix}$ の 1 次結合で表せ.

定義 1.5　(m,l) 行列 $A = (a_{ik})$ と (l,n) 行列 $B = (b_{kj})$ に対して A と B との**積** AB を (i,j) 成分が

$$\sum_{k=1}^{l} a_{ik}b_{kj} = a_{i1}b_{1j} + a_{i2}b_{2j} + \cdots + a_{il}b_{lj}$$

である (m,n) 行列とする.

すなわち，A と B との積 AB は A の列の個数と B の行の個数が等しいときのみ定義でき，A については行の成分に注目し，B については列の成分に注目して，対応する成分どうしを掛けあわせて，それらの総和をとったものが AB の成分である.

例 1.5

(1) $\begin{pmatrix} 1 & 2 \\ 3 & 4 \end{pmatrix}\begin{pmatrix} 5 & 6 \\ 7 & 8 \end{pmatrix} = \begin{pmatrix} 1\cdot 5 + 2\cdot 7 & 1\cdot 6 + 2\cdot 8 \\ 3\cdot 5 + 4\cdot 7 & 3\cdot 6 + 4\cdot 8 \end{pmatrix} = \begin{pmatrix} 19 & 22 \\ 43 & 50 \end{pmatrix}$

(2) $\begin{pmatrix} 1 & 2 \\ 3 & 4 \\ 5 & 6 \end{pmatrix}\begin{pmatrix} -3 & 4 & -5 \\ 6 & -7 & 8 \end{pmatrix}$

$$= \begin{pmatrix} 1\cdot(-3)+2\cdot 6 & 1\cdot 4+2\cdot(-7) & 1\cdot(-5)+2\cdot 8 \\ 3\cdot(-3)+4\cdot 6 & 3\cdot 4+4\cdot(-7) & 3\cdot(-5)+4\cdot 8 \\ 5\cdot(-3)+6\cdot 6 & 5\cdot 4+6\cdot(-7) & 5\cdot(-5)+6\cdot 8 \end{pmatrix}$$

$$= \begin{pmatrix} 9 & -10 & 11 \\ 15 & -16 & 17 \\ 21 & -22 & 23 \end{pmatrix}$$

(3)　$\begin{pmatrix} 2 \\ 3 \end{pmatrix} \begin{pmatrix} 4 & 5 \end{pmatrix} = \begin{pmatrix} 2\cdot 4 & 2\cdot 5 \\ 3\cdot 4 & 3\cdot 5 \end{pmatrix} = \begin{pmatrix} 8 & 10 \\ 12 & 15 \end{pmatrix}$

(4)　$\begin{pmatrix} 4 & 5 \end{pmatrix} \begin{pmatrix} 2 \\ 3 \end{pmatrix} = (4\cdot 2+5\cdot 3) = (23) = 23$

$(1,1)$ 行列 (23) は数 23 と同一視する．

(5)　$\begin{pmatrix} 1 & 2 & 3 \\ 4 & 5 & 6 \\ 7 & 8 & 9 \end{pmatrix} \begin{pmatrix} 1 & 0 & 0 & -1 \\ 0 & 1 & 0 & -1 \\ 0 & 0 & 1 & -1 \end{pmatrix} = \begin{pmatrix} 1 & 2 & 3 & -6 \\ 4 & 5 & 6 & -15 \\ 7 & 8 & 9 & -24 \end{pmatrix}$

問 1.5　次の計算をせよ．

(1)　$\begin{pmatrix} 2 & 3 \\ 4 & 5 \end{pmatrix} \begin{pmatrix} 6 & 7 \\ 8 & 9 \end{pmatrix}$　　(2)　$\begin{pmatrix} -1 & 0 \\ 1 & 2 \\ 3 & 4 \\ 5 & 6 \end{pmatrix} \begin{pmatrix} -2 & 0 & 2 \\ 3 & 1 & -1 \end{pmatrix}$

(3)　$\begin{pmatrix} 4 \\ 5 \end{pmatrix} \begin{pmatrix} -2 & -3 \end{pmatrix}$　　(4)　$\begin{pmatrix} -2 & -3 \end{pmatrix} \begin{pmatrix} 4 \\ 5 \end{pmatrix}$

(5)　$\begin{pmatrix} 1 & 0 & 0 & -1 \\ 0 & 1 & 0 & -1 \\ 0 & 0 & 1 & -1 \end{pmatrix} \begin{pmatrix} -1 & 2 & 3 \\ 4 & -5 & 6 \\ 7 & 8 & -9 \\ 3 & 2 & 1 \end{pmatrix}$

積に関しては次の法則が成立する．

結合法則．　$A(BC) = (AB)C.$

分配法則．　$(A+B)C = AC + BC,\ D(A+B) = DA + DB.$

ところが，交換法則は成立しない．すなわち，たとえ AB および BA が定義されていても，必ずしも $AB = BA$ は成立しないのである．むしろ，ほとんどの場合成立しないといってよい．すなわち，一般には成立しないのである．ここで AB および BA が定義されるためには，A が (m, n) 行列なら B は (n, m) 行列でなければいけないことを注意しておく．

例 1.6　A が (m, n) 行列で B が (n, m) 行列のとき，$m \neq n$ なら，$AB \neq BA$ である．なぜなら，AB は m 次行列で，BA は n 次行列だからである．よって $AB = BA$ であるためには，A と B がともに n 次行列でなければいけない．

例 1.7　次の場合，$AB = BA$ が成立する．

$$\begin{pmatrix} \sqrt{3} & -1 \\ 1 & \sqrt{3} \end{pmatrix}\begin{pmatrix} 1 & -1 \\ 1 & 1 \end{pmatrix} = \begin{pmatrix} 1 & -1 \\ 1 & 1 \end{pmatrix}\begin{pmatrix} \sqrt{3} & -1 \\ 1 & \sqrt{3} \end{pmatrix}$$

しかし，これは特別な場合であり，A, B がともに n 次行列であっても $AB = BA$ は一般には (ほとんどの場合) 成立しない．

例 1.8

$$\begin{pmatrix} 1 & 0 \\ 0 & 0 \end{pmatrix}\begin{pmatrix} 0 & 1 \\ 1 & 0 \end{pmatrix} \neq \begin{pmatrix} 0 & 1 \\ 1 & 0 \end{pmatrix}\begin{pmatrix} 1 & 0 \\ 0 & 0 \end{pmatrix}$$

また，

$$\begin{pmatrix} 3 & 1 \\ 6 & 2 \end{pmatrix}\begin{pmatrix} -1 & 3 \\ 3 & -9 \end{pmatrix} = \begin{pmatrix} 0 & 0 \\ 0 & 0 \end{pmatrix},$$

$$\begin{pmatrix} -1 & 3 \\ 3 & -9 \end{pmatrix}\begin{pmatrix} 3 & 1 \\ 6 & 2 \end{pmatrix} = \begin{pmatrix} 15 & 5 \\ -45 & -15 \end{pmatrix}$$

である．

定義 1.6　n 次行列 $A = (a_{ij})$ の対角線上にある成分 $a_{11}, a_{22}, \cdots, a_{nn}$ を A の**対角成分**と呼ぶ．また，対角成分がすべて 1 で，それ以外の成分

がすべて 0 であるような n 次行列を n 次**単位行列**と呼び，E_n で表す．たとえば，

$$E_2 = \begin{pmatrix} 1 & 0 \\ 0 & 1 \end{pmatrix}, \quad E_3 = \begin{pmatrix} 1 & 0 & 0 \\ 0 & 1 & 0 \\ 0 & 0 & 1 \end{pmatrix}$$

である．

ところで，すべての (m,n) 行列 B に対して

$$BE_n = B, \quad E_mB = B$$

が成立する．よって，単位行列は積に関して数の 1 のような役目を果たしている．

定義 1.7　n 次行列 A に対して $AX = XA = E_n$ となる n 次行列 X が存在するとき，A を **正則行列**と呼び，X を A の**逆行列**と呼ぶ．

ところで，A が正則行列，すなわち逆行列をもつならば A の逆行列は唯一通りに定まる．なぜなら，Y を A のもう 1 つの逆行列とすると

$$Y = YE_n = Y(AX) = (YA)X = E_nX = X$$

となるからである．よって，一通りに定まる A の逆行列を A^{-1} で表す．ところで実際は，$AX = E_n$ または $XA = E_n$ のどちらか一方だけを満たす X が存在すれば，A は正則行列で，$A^{-1} = X$ であることが，第 2 章の系 2.16 で示される．

例 1.9　2 次行列 $A = \begin{pmatrix} a & b \\ c & d \end{pmatrix}$ が $ad - bc \neq 0$ を満たせば正則行列になり，

$$A^{-1} = \frac{1}{ad - bc}\begin{pmatrix} d & -b \\ -c & a \end{pmatrix}$$

である．よって，たとえば

$$\begin{pmatrix} 1 & 2 \\ 3 & 4 \end{pmatrix}^{-1} = \frac{1}{4-6}\begin{pmatrix} 4 & -2 \\ -3 & 1 \end{pmatrix} = \begin{pmatrix} -2 & 1 \\ \frac{3}{2} & -\frac{1}{2} \end{pmatrix}$$

である．

問 1.6 次の 2 次行列の逆行列を求めよ．

(1) $\begin{pmatrix} -2 & 0 \\ 0 & 3 \end{pmatrix}$ (2) $\begin{pmatrix} 0 & 3 \\ -1 & 0 \end{pmatrix}$ (3) $\begin{pmatrix} -3 & 2 \\ 5 & -3 \end{pmatrix}$

命題 1.8 n 次行列 A, B が正則行列なら，それらの積 AB も正則行列で，その逆行列は $(AB)^{-1} = B^{-1}A^{-1}$ である．

証明. 実際

$$(AB)(B^{-1}A^{-1}) = A(BB^{-1})A^{-1} = AE_nA^{-1} = AA^{-1} = E_n$$

であり，同様にして $(B^{-1}A^{-1})(AB) = E_n$ を得るので上記は証明された．

(証明終)

ところで，行列の積については交換法則が成立しないので，一般には $(AB)^{-1} \neq A^{-1}B^{-1}$ であることを注意しておく．

1.2 行基本変形と行列の階数

行列をある規則に従って変形することは，行列自身の研究および行列の応用において重要である．

定義 1.9 (m, n) 行列 A に対して次の変形をすることを行列 A に対して，**行基本変形**をするという．

(1) ある行を 0 でない数 c で c 倍する．

(2) ある行に他の行の c 倍を加える．

(3) 異なる 2 つの行を交換する．

行基本変形を何回も用いることで，行列をどのような形にできるかを示したのが次の定理である．すなわち，そのような形になるように行基本変形をしていく．

定理 – 定義 1.10　(m,n) 行列 A は行基本変形を何回も使って

$$\begin{array}{c} \\ r \\ m-r \end{array}\begin{array}{c} \begin{array}{cc} \quad r \quad & \quad n-r \quad \end{array} \\ \begin{pmatrix} E_r & * \\ O_{m-r,r} & O_{m-r,n-r} \end{pmatrix} \end{array}$$

に変形される．このような行列を A の**行基本変形による標準形**と呼ぶ．ただし，特別な行列の場合，列の交換が必要な場合がある．また，r は A によって一意的に定まるので，行列 A の**階数** (rank) と呼び，rank A で表す．

行基本変形の標準形は，列の交換が必要な場合に列の交換を使うと一意的に定まらない場合があるので，このような場合に「行基本変形の標準形」という用語は問題があるかもしれない．しかし，列の交換を使わないで，この形の行列に行基本変形で変形できる場合は，一意的に定まり，かつその行列の重要性を考慮して，この本では「行基本変形の標準形」という用語を用いることにする．

例 1.10

$A = \begin{pmatrix} 1 & 2 & 3 & 4 \\ 5 & 6 & 7 & 8 \\ 9 & 10 & 11 & 12 \end{pmatrix}$ としたとき，2 行に 1 行の -5 倍を加え，さらに 3 行に 1 行の -9 倍を加えると

$$A \longrightarrow \begin{pmatrix} 1 & 2 & 3 & 4 \\ 0 & -4 & -8 & -12 \\ 0 & -8 & -16 & -24 \end{pmatrix}$$

と変形される．次に 2 行を $-\dfrac{1}{4}$ 倍すると

$$\begin{pmatrix} 1 & 2 & 3 & 4 \\ 0 & -4 & -8 & -12 \\ 0 & -8 & -16 & -24 \end{pmatrix} \longrightarrow \begin{pmatrix} 1 & 2 & 3 & 4 \\ 0 & 1 & 2 & 3 \\ 0 & -8 & -16 & -24 \end{pmatrix}$$

と変形され，最後に 1 行に 2 行の -2 倍を加えて 3 行に 2 行の 8 倍を加えると

$$\begin{pmatrix} 1 & 2 & 3 & 4 \\ 0 & 1 & 2 & 3 \\ 0 & -8 & -16 & -24 \end{pmatrix} \longrightarrow \left(\begin{array}{cc|cc} 1 & 0 & -1 & -2 \\ 0 & 1 & 2 & 3 \\ \hline 0 & 0 & 0 & 0 \end{array}\right)$$

と変形される．この最後の行列が A の行基本変形による標準形である．また，A の階数は 2 である．すなわち，$\mathrm{rank}\, A = 2$ である．

定義 1.11 (m, n) 行列

$$A = (a_{ij}) = \begin{pmatrix} \cdots & a_{1j} & \cdots \\ & \vdots & \\ \cdots & a_{ij} & \cdots \\ & \vdots & \\ \cdots & a_{mj} & \cdots \end{pmatrix}$$

が $a_{ij} \neq 0$ を満たしているとする．このとき，最初に i 行に $\dfrac{1}{a_{ij}}$ を掛ける．次に 1 行から i 行の a_{1j} 倍を引き，2 行から i 行の a_{2j} 倍を引きというように，i 行以外には同様な行基本変形を行うことで A は変形され，j 列は

$$\begin{pmatrix} \cdots & 0 & \cdots \\ & \vdots & \\ \cdots & 0 & \cdots \\ \cdots & 1 & \cdots \\ \cdots & 0 & \cdots \\ & \vdots & \\ \cdots & 0 & \cdots \end{pmatrix}$$

となる．このように i 回の行基本変形を続けて行う一連の操作を (i, j) 成分 a_{ij} を軸として j **列を掃き出す**という．

ここで，1.10 の証明を与えておく．

定理 1.10 の証明. A を成分で表して

$$A = \begin{pmatrix} a_{11} & a_{12} & \cdots & a_{1n} \\ a_{21} & a_{22} & \cdots & a_{2n} \\ \vdots & \vdots & \ddots & \vdots \\ a_{m1} & a_{m2} & \cdots & a_{mn} \end{pmatrix}$$

とする．このとき，$a_{11} \neq 0$ なら，$(1, 1)$ 成分を軸として 1 列を掃き出す．$a_{11} = 0$ かつ第 1 列で 0 でない成分 a_{i1} があるときは，1 行と i 行を交換して，その後，$(1, 1)$ 成分を軸として 1 列を掃き出す．第 1 列の成分がすべて 0 のときは，0 でない成分がある列を探して 1 列とその列を交換して，その後，前と同じ操作を行う．そうすると行列 A は零行列でなければ

$$\left(\begin{array}{c|c} 1 & * \\ \hline 0 & \\ \vdots & A' \\ 0 & \end{array}\right)$$

と変形される．次に，A' が零行列でなければ，A' に対して同様の操作を行い，かつ $(2, 1)$ 成分を 0 にして，

$$\left(\begin{array}{cc|c} 1 & 0 & * \\ 0 & 1 & \\ \hline \vdots & \vdots & A'' \\ 0 & 0 & \end{array}\right)$$

と変形される．A' が零行列の場合は，求めたい形になっている．この操作を続けると右下のブロックが零行列にでき，

$$\left(\begin{array}{c|c} E_r & * \\ \hline 0 & 0 \end{array}\right)$$

となる．右下のブロックが最後まで零行列にならないときは

$$\left(\begin{array}{c|c} E_m & * \end{array}\right)$$

と変形される．この場合は $r = m$ である．r が A によって一意的に定まることの証明は省略する． (証明終)

問 1.7 次の行列の行基本変形による標準形と階数を求めよ．

(1) $\begin{pmatrix} 1 & 3 & 5 \\ 7 & 9 & 11 \\ 1 & 1 & 1 \end{pmatrix}$ (2) $\begin{pmatrix} 7 & 9 & 11 \\ 1 & 3 & 5 \\ 1 & 1 & -1 \end{pmatrix}$ (3) $\begin{pmatrix} 2 & 5 & 6 & 4 \\ 1 & 3 & 4 & 2 \\ -3 & 1 & 8 & -6 \end{pmatrix}$

(4) $\begin{pmatrix} 1 & 1 & a \\ 1 & a & 1 \\ a & 1 & a \end{pmatrix}$, a は定数．

1.3 基本行列と逆行列の計算方法

行基本変形は次のような行列の積で表すことができる．このことから行基本変形を使って逆行列の計算ができる．

定義 1.12 次のように n 次単位行列 E_n を行基本変形した 3 つのタイプの行列を n **次基本行列**と呼ぶ．

(1) c を 0 でない数としたとき，n 次単位行列 E_n の 第 i 行を c 倍した行列 (ⓘ は i 行を表す)

$$
E_n \xrightarrow{\text{ⓘ}\times c} M_n(i;c) = \begin{array}{c} \\ \\ i\,\text{行} \\ \\ \\ \end{array}\!\!\overset{\qquad\qquad i\,\text{列}}{\begin{pmatrix} 1 & & & & \\ & \ddots & & & \\ & & c & & \\ & & & \ddots & \\ & & & & 1 \end{pmatrix}}
$$

(2) c を数としたとき，n 次単位行列 E_n の第 i 行に第 j 行の c 倍を加えた行列

$$
E_n \xrightarrow{\text{ⓘ}+\text{ⓙ}\times c} A_n(i,j;c) = \begin{array}{c} \\ \\ i\,\text{行} \\ \\ j\,\text{行} \\ \\ \\ \end{array}\!\!\begin{pmatrix} 1 & & & & & & \\ & \ddots & & & & & \\ & & 1 & & c & & \\ & & & \ddots & & & \\ & & & & 1 & & \\ & & & & & \ddots & \\ & & & & & & 1 \end{pmatrix}
$$

（上部の列ラベル：i 列，j 列）

(3) n 次単位行列において第 i 行と第 j 行を交換した行列

$$
E_n \xrightarrow{\text{ⓘ}\leftrightarrow\text{ⓙ}} P_n(i,j) = \begin{array}{c} \\ \\ i\,\text{行} \\ \\ j\,\text{行} \\ \\ \\ \end{array}\!\!\begin{pmatrix} 1 & & & & & & \\ & \ddots & & & & & \\ & & 0 & & 1 & & \\ & & & \ddots & & & \\ & & 1 & & 0 & & \\ & & & & & \ddots & \\ & & & & & & 1 \end{pmatrix}
$$

（上部の列ラベル：i 列，j 列）

ここで，空白の部分の成分はすべて 0 とする．また，ⓘ $\longleftrightarrow$ ⓙ は i 行と j 行の交換を表す．

上記のそれぞれを左側から掛けることが3種類の行基本変形と対応している．実際，A を (m, n) 行列としたとき，

(1) $M_m(i; c)A$ は，A の第 i 行を c 倍した行列である．

(2) $A_m(i, j; c)A$ は，A の第 i 行に第 j 行の c 倍を加えた行列である．

(3) $P_m(i, j)A$ は，A の第 i 行と第 j 行を交換した行列である．

命題 1.13 基本行列は正則行列で，その逆行列はまた基本行列である．

証明. 実際，c を 0 でない数としたとき

$$M_n(i; c)^{-1} = M_n(i; c^{-1})$$

である．また，c を数としたとき

$$A_n(i, j; c)^{-1} = A_n(i, j; -c)$$

であり，

$$P_n(i, j)^{-1} = P_n(i, j)$$

である．これらのことは，基本行列を左側から掛けることが行基本変形を表していることを考慮すればよく理解できると思う． (証明終)

定理 1.14 n 次行列 A について次は同値である．

(1) A は正則行列である．

(2) $\mathrm{rank}\ A = n$ である．

証明. 最初に (2) なら (1) を示す．$\mathrm{rank}\ A = n$ なら，行基本変形によって A を単位行列 E_n に変形できる．すなわち，$PA = E_n$ ．ここで，P は基本行列の積である．命題 1.13 より基本行列は正則行列だから，命題 1.8 より，それらの積である P も正則行列である．よって，両辺に左から P^{-1} を掛けると

$$P^{-1}PA = P^{-1}E_n$$

だから

$$A = P^{-1}PA = P^{-1}E_n = P^{-1}$$

である．P^{-1} は正則行列だから，A も正則行列である．

次に (1) なら (2) を背理法で示す．いま，A は正則行列で，かつ 階数が n より小さいとする．このとき，定理 1.10 より A は行基本変形だけで n 行のすべての成分が 0 である行列

$$\begin{array}{c} \\ n-1 \\ 1 \end{array} \begin{array}{c} n \\ \begin{pmatrix} & A' & \\ 0 & \cdots & 0 \end{pmatrix} \end{array}$$

に変形できる，すなわち

$$PA = \begin{pmatrix} & A' & \\ 0 & \cdots & 0 \end{pmatrix},$$

ここで，P は基本行列の積である．A は正則行列であるので，両辺に A の逆行列 A^{-1} を右側から掛けると

$$P = \begin{pmatrix} & A' & \\ 0 & \cdots & 0 \end{pmatrix} A^{-1} = \begin{pmatrix} & A'' & \\ 0 & \cdots & 0 \end{pmatrix}$$

を得る．P は基本行列の積なので正則行列だから，両辺に右側から P^{-1} を掛けると

$$E_n = PP^{-1} = \begin{pmatrix} & A'' & \\ 0 & \cdots & 0 \end{pmatrix} P^{-1} = \begin{pmatrix} & A''' & \\ 0 & \cdots & 0 \end{pmatrix}$$

となり，(n, n) 成分は E_n では 1 であるので，これは矛盾である．よって，A が正則行列なら，階数は n である．　(証明終)

系 1.15　n 次行列 A が正則行列なら，A は基本行列の積で表せる．

証明．　定理 1.14 より A が正則行列なら $\mathrm{rank}\, A = n$ だから定理 1.14 の証明より

$$A = P^{-1}, P = F_1 \cdots F_m,$$

ここで，$F_1, \cdots, F_m$ は基本行列である．よって，命題 1.8 より

$$P^{-1} = F_m^{-1} \cdots F_1^{-1}$$

である．ところで，命題 1.13 より基本行列の逆行列は，また基本行列なので P^{-1} も基本行列の積になる．よって，A は基本行列の積で表せる． (証明終)

ここで逆行列の具体的な計算方法を説明する．A を n 次正則行列とすると系 1.15 より

$$A = P_1 \cdots P_m,$$

$P_1, \cdots, P_m$ は基本行列と表せる．ここで，両辺に左側から $P_m^{-1} \cdots P_1^{-1}$ を掛けると

$$P_m^{-1} \cdots P_1^{-1} A = P_m^{-1} \cdots P_1^{-1} P_1 \cdots P_m = E_n$$

となり，また右側から $P_m^{-1} \cdots P_1^{-1}$ を掛けると

$$A P_m^{-1} \cdots P_1^{-1} = P_1 \cdots P_m P_m^{-1} \cdots P_1^{-1} = E_n$$

となる．よって

$$A^{-1} = P_m^{-1} \cdots P_1^{-1} = P_m^{-1} \cdots P_1^{-1} E_n$$

である．ここで 上記の最初の式より基本行列の積 $P_m^{-1} \cdots P_1^{-1}$ は A を単位行列に変形する行基本変形に対応している．よって，すぐ前の式より，その同じ行基本変形を単位行列 E_n に行うことによって A の逆行列 A^{-1} を得る．このことをまとめると次のようになる．$(n, 2n)$ 行列 $(A|E_n)$ に対して A の部分が単位行列 E_n になるような行基本変形を $(A|E_n)$ に行った結果が $(E_n|B)$ のとき，$A^{-1} = B$ である．このとき A の部分が E_n にできないなら，A は正則行列ではない．

例 1.11

3 次行列 $A = \begin{pmatrix} 3 & -5 & -1 \\ -2 & 3 & 1 \\ -3 & 4 & 1 \end{pmatrix}$ の逆行列を求めよ．

解.　(3,6) 行列 $(A|E_3) = \left(\begin{array}{rrr|rrr} 3 & -5 & -1 & 1 & 0 & 0 \\ -2 & 3 & 1 & 0 & 1 & 0 \\ -3 & 4 & 1 & 0 & 0 & 1 \end{array}\right)$ を考え，A の部分を単位行列 E_3 にするために，まず1行に2行を加えると

$$\left(\begin{array}{rrr|rrr} 3 & -5 & -1 & 1 & 0 & 0 \\ -2 & 3 & 1 & 0 & 1 & 0 \\ -3 & 4 & 1 & 0 & 0 & 1 \end{array}\right) \xrightarrow{①+②} \left(\begin{array}{rrr|rrr} 1 & -2 & 0 & 1 & 1 & 0 \\ -2 & 3 & 1 & 0 & 1 & 0 \\ -3 & 4 & 1 & 0 & 0 & 1 \end{array}\right)$$

と変形される．次に2行に1行の2倍を加え，そして3行に1行の3倍を加えると

$$\left(\begin{array}{rrr|rrr} 1 & -2 & 0 & 1 & 1 & 0 \\ -2 & 3 & 1 & 0 & 1 & 0 \\ -3 & 4 & 1 & 0 & 0 & 1 \end{array}\right) \xrightarrow[③+①\times 3]{②+①\times 2} \left(\begin{array}{rrr|rrr} 1 & -2 & 0 & 1 & 1 & 0 \\ 0 & -1 & 1 & 2 & 3 & 0 \\ 0 & -2 & 1 & 3 & 3 & 1 \end{array}\right)$$

と変形される．ここで，2行を -1 倍すると

$$\left(\begin{array}{rrr|rrr} 1 & -2 & 0 & 1 & 1 & 0 \\ 0 & -1 & 1 & 2 & 3 & 0 \\ 0 & -2 & 1 & 3 & 3 & 1 \end{array}\right) \xrightarrow{②\times(-1)} \left(\begin{array}{rrr|rrr} 1 & -2 & 0 & 1 & 1 & 0 \\ 0 & 1 & -1 & -2 & -3 & 0 \\ 0 & -2 & 1 & 3 & 3 & 1 \end{array}\right)$$

と変形される．そして，1行に2行の2倍を加え，3行に2行の2倍を加えると

$$\left(\begin{array}{rrr|rrr} 1 & -2 & 0 & 1 & 1 & 0 \\ 0 & 1 & -1 & -2 & -3 & 0 \\ 0 & -2 & 1 & 3 & 3 & 1 \end{array}\right) \xrightarrow[③+②\times 2]{①+②\times 2} \left(\begin{array}{rrr|rrr} 1 & 0 & -2 & -3 & -5 & 0 \\ 0 & 1 & -1 & -2 & -3 & 0 \\ 0 & 0 & -1 & -1 & -3 & 1 \end{array}\right)$$

と変形される．ここで，3行を -1 倍すると

$$\left(\begin{array}{rrr|rrr} 1 & 0 & -2 & -3 & -5 & 0 \\ 0 & 1 & -1 & -2 & -3 & 0 \\ 0 & 0 & -1 & -1 & -3 & 1 \end{array}\right) \xrightarrow{③\times(-1)} \left(\begin{array}{rrr|rrr} 1 & 0 & -2 & -3 & -5 & 0 \\ 0 & 1 & -1 & -2 & -3 & 0 \\ 0 & 0 & 1 & 1 & 3 & -1 \end{array}\right)$$

と変形され，最後に1行に3行の2倍を加え，2行に3行を加えると

$$\left(\begin{array}{rrr|rrr} 1 & 0 & -2 & -3 & -5 & 0 \\ 0 & 1 & -1 & -2 & -3 & 0 \\ 0 & 0 & 1 & 1 & 3 & -1 \end{array}\right) \xrightarrow[②+③]{①+③\times 2} \left(\begin{array}{rrr|rrr} 1 & 0 & 0 & -1 & 1 & -2 \\ 0 & 1 & 0 & -1 & 0 & -1 \\ 0 & 0 & 1 & 1 & 3 & -1 \end{array}\right)$$

と変形される．よって，A の逆行列は

$$A^{-1} = \begin{pmatrix} -1 & 1 & -2 \\ -1 & 0 & -1 \\ 1 & 3 & -1 \end{pmatrix}$$

となる．

問 1.8　次の行列の逆行列を上記で学んだ行基本変形を用いた方法で求めよ．

(1) $\begin{pmatrix} 1 & -2 \\ -2 & 5 \end{pmatrix}$　(2) $\begin{pmatrix} 3 & 5 \\ 2 & 2 \end{pmatrix}$　(3) $\begin{pmatrix} 1 & 0 & 2 \\ -1 & 1 & -3 \\ 1 & 2 & 1 \end{pmatrix}$

(4) $\begin{pmatrix} 1 & 3 & -5 \\ -2 & -5 & 7 \\ 2 & 4 & -3 \end{pmatrix}$　(5) $\begin{pmatrix} 3 & -5 & 1 \\ 2 & -3 & 1 \\ 3 & -4 & 1 \end{pmatrix}$　(6) $\begin{pmatrix} 3 & 7 & -3 \\ 1 & 4 & -2 \\ -5 & -7 & 2 \end{pmatrix}$

(7) $\begin{pmatrix} -5 & -2 & 3 \\ 7 & -1 & -3 \\ 3 & 2 & -2 \end{pmatrix}$　(8) $\begin{pmatrix} 3 & 2 & -3 \\ 2 & 2 & -3 \\ 5 & 2 & -4 \end{pmatrix}$

(9) $\begin{pmatrix} 1 & -1 & 0 & 0 \\ 0 & 1 & 0 & -1 \\ -1 & 2 & 1 & 0 \\ 1 & 0 & -1 & -1 \end{pmatrix}$　(10) $\begin{pmatrix} 3 & -4 & -5 & -7 \\ -1 & 2 & 2 & 3 \\ 2 & -3 & -4 & -5 \\ -1 & 2 & 3 & 4 \end{pmatrix}$

(11) $\begin{pmatrix} 1 & -2 & 2 & 1 \\ -1 & 3 & -3 & 2 \\ 1 & -3 & 2 & 2 \\ 1 & -4 & 1 & 6 \end{pmatrix}$

1.4　連立 1 次方程式の解法

定義 1.16　連立 1 次方程式は, n 個の未知数 $x_1, x_2, \cdots, x_n$ をもつとき

$$
(1) \quad \begin{cases} a_{11}x_1 + \ a_{12}x_2 + \cdots + \ a_{1n}x_n \ = b_1 \\ a_{21}x_1 + \ a_{22}x_2 + \cdots + \ a_{2n}x_n \ = b_2 \\ \qquad\qquad \vdots \\ a_{m1}x_1 + a_{m2}x_2 + \cdots + a_{mn}x_n = b_m \end{cases}
$$

と表せる．定数項 $b_1, b_2, \cdots, b_m$ がすべて 0 のときは**同次連立 1 次方程式**と呼び, 定数項 $b_1, b_2, \cdots, b_m$ の中に 0 でないものがあるときは**非同次連立 1 次方程式**と呼ぶ.

同次連立 1 次方程式は，すべてが 0 である

$$
\begin{pmatrix} x_1 \\ x_2 \\ \vdots \\ x_n \end{pmatrix} = \begin{pmatrix} 0 \\ 0 \\ \vdots \\ 0 \end{pmatrix}
$$

を解にもつ．この解を**自明な解**と呼ぶ．しかし，非同次連立 1 次方程式の場合は，解をもたないことがある.

例 1.12　非同次連立 1 次方程式

$$
\begin{cases} \ x_1 + 2x_2 + 3x_3 = \ \ 1 \\ 4x_1 + 5x_2 + 6x_3 = -2 \\ 7x_1 + 8x_2 + 9x_3 = \ \ a \end{cases}
$$

a は定数，を考える．この方程式は $a \neq -5$ のときは解をもたない．実際，2 番目の式から 1 番目の式を引くと

$$
3x_1 + 3x_2 + 3x_3 = -3
$$

となり，3 番目の式から 2 番目の式を引くと

$$3x_1 + 3x_2 + 3x_3 = a + 2$$

となるので，両方の方程式を満たす x_1, x_2, x_3 が存在するためには $a = -5$ でなければいけないのである．$a = -5$ のときの解は，例 1.14 でみるように列ベクトルの 1 次結合で表すと

$$\begin{pmatrix} x_1 \\ x_2 \\ x_3 \end{pmatrix} = \begin{pmatrix} -3 \\ 2 \\ 0 \end{pmatrix} + t \begin{pmatrix} 1 \\ -2 \\ 1 \end{pmatrix}, \quad t \text{ は任意の数}$$

となる．ここで，$\begin{pmatrix} x_1 \\ x_2 \\ x_3 \end{pmatrix} = \begin{pmatrix} -3 \\ 2 \\ 0 \end{pmatrix}$ は与えられた非同次連立 1 次方程式の 1 つの解であり，$\begin{pmatrix} x_1 \\ x_2 \\ x_3 \end{pmatrix} = t \begin{pmatrix} 1 \\ -2 \\ 1 \end{pmatrix}$, t は任意の数，は与えられた方程式において定数項をすべて 0 にした同次連立 1 次方程式

$$\begin{cases} x_1 + 2x_2 + 3x_3 = 0 \\ 4x_1 + 5x_2 + 6x_3 = 0 \\ 7x_1 + 8x_2 + 9x_3 = 0 \end{cases}$$

の解である．

上記のことから連立 1 次方程式 (1) は非同次の場合には一般に解をもたないことがわかる．また，解をもつとき，その解を表すには，同次連立 1 次方程式の解が重要な役割をしていることがわかる．では，どのような場合に解をもつのか，またそのとき，その解と定数項をすべて 0 にした同次連立 1 次方程式

$$(2) \qquad \begin{cases} a_{11}x_1 + a_{12}x_2 + \cdots + a_{1n}x_n = 0 \\ a_{21}x_1 + a_{22}x_2 + \cdots + a_{2n}x_n = 0 \\ \qquad\qquad\qquad \vdots \\ a_{m1}x_1 + a_{m2}x_2 + \cdots + a_{mn}x_n = 0 \end{cases}$$

の解との関係はどうなっているのかを調べてみることにする．

定義 1.17　(m, n) 行列

$$A = \begin{pmatrix} a_{11} & a_{12} & \cdots & a_{1n} \\ a_{21} & a_{22} & \cdots & a_{2n} \\ \vdots & \vdots & \ddots & \vdots \\ a_{m1} & a_{m2} & \cdots & a_{mn} \end{pmatrix}$$

を (1) の**係数行列**と呼ぶ．また，

$$\boldsymbol{b} = \begin{pmatrix} b_1 \\ b_2 \\ \vdots \\ b_m \end{pmatrix}$$

と置き，これを (1) の**定数ベクトル**と呼ぶ．さらに，係数行列 A と定数ベクトル $\boldsymbol{b}$ を一緒にした $(m, n+1)$ 行列

$$(A|\boldsymbol{b}) = \left(\begin{array}{cccc|c} a_{11} & a_{12} & \cdots & a_{1n} & b_1 \\ a_{21} & a_{22} & \cdots & a_{2n} & b_2 \\ \vdots & \vdots & \ddots & \vdots & \vdots \\ a_{m1} & a_{m2} & \cdots & a_{mn} & b_m \end{array}\right)$$

を考え，これを (1) の**拡大係数行列**と呼ぶ．このとき，方程式 (1) は

$$A \begin{pmatrix} x_1 \\ x_2 \\ \vdots \\ x_n \end{pmatrix} = \boldsymbol{b}$$

と表される．逆に $(m, n+1)$ 行列 $(B|\boldsymbol{b}')$ は

$$B \begin{pmatrix} x_1 \\ x_2 \\ \vdots \\ x_n \end{pmatrix} = \boldsymbol{b}'$$

によって (1) のような連立 1 次方程式を与えることを注意しておく．この

ような連立1次方程式を**行列 $(B|\boldsymbol{b}')$ に対応する連立1次方程式**と呼ぶ.

命題 1.18 $(m, n+1)$ 行列 $(A|\boldsymbol{b})$ を行基本変形した行列を $(B|\boldsymbol{b}')$ としたとき, $(A|\boldsymbol{b})$ に対応する非同次連立1次方程式と $(B|\boldsymbol{b}')$ に対応する非同次連立1次方程式の解全体は等しい.

証明. 3種類の行基本変形の各々について調べればよい.

(1) $(A|\boldsymbol{b})$ の i 行を0でない数 c で c 倍すると, 連立1次方程式においては i 番目の式が c 倍されるだけだから解全体に変化はない.

(2) $(A|\boldsymbol{b})$ の i 行に j 行の c 倍を加えると, 連立1次方程式においては i 番目の式に j 番目の式の c 倍を加えただけであるから解全体には変化はない.

(3) $(A|\boldsymbol{b})$ の i 行と j 行を交換すると, 連立1次方程式においては i 番目の式と j 番目の式を交換しただけであるから解全体に変化はない. (証明終)

よって, 連立1次方程式の解を求めるためには, その拡大係数行列を行基本変形のみで, できるだけ簡単な形, この場合は同次連立1次方程式の解も考慮して, 係数行列の部分が定理 1.10 のような形になるように変形して, その行列に対応する連立1次方程式の解を求めればよい. すなわち, $(m, n+1)$ 行列 $(A|\boldsymbol{b})$ に対応する連立1次方程式の解を求めるためには 次のようにする. まず, 定理 1.10 より行基本変形 (列の交換が必要な場合もある, ただし, 定数項が並んでいる $n+1$ 列は交換できない) で

$$(A|\boldsymbol{b}) \longrightarrow \left(\begin{array}{cc|c} & & b'_1 \\ E_r & A' & \vdots \\ & & b'_r \\ \hline & & b'_{r+1} \\ O_{m-r,r} & O_{m-r,m-r} & \vdots \\ & & b'_m \end{array}\right) = (B|\boldsymbol{b}')$$

と変形できる．ここで，A' は $(r, n-r)$ 行列で

$$A' = \begin{pmatrix} c_{1r+1} & \cdots & c_{1n} \\ \vdots & \ddots & \vdots \\ c_{rr+1} & \cdots & c_{rn} \end{pmatrix}$$

とおくことにする．このとき $(B|\boldsymbol{b}')$ に対応する連立1次方程式は

$$\begin{cases} x_1 + c_{1r+1}x_{r+1} + \cdots + c_{1n}x_n = b'_1 \\ x_2 + c_{2r+1}x_{r+1} + \cdots + c_{2n}x_n = b'_2 \\ \qquad\qquad\qquad\qquad\qquad\qquad \vdots \\ x_r + c_{rr+1}x_{r+1} + \cdots + c_{rn}x_n = b'_r \\ \qquad\qquad\qquad\qquad\qquad 0 = b'_{r+1} \\ \qquad\qquad\qquad\qquad\qquad\qquad \vdots \\ \qquad\qquad\qquad\qquad\qquad 0 = b'_m \end{cases}$$

となる．これを変形すると

$$\begin{cases} x_1 = b'_1 \quad -c_{1r+1}x_{r+1} - \cdots - c_{1n}x_n \\ x_2 = b'_2 \quad -c_{2r+1}x_{r+1} - \cdots - c_{2n}x_n \\ \quad \vdots \\ x_r = b'_r \quad -c_{rr+1}x_{r+1} - \cdots - c_{rn}x_n \\ \ 0 = b'_{r+1} \\ \quad \vdots \\ \ 0 = b'_m \end{cases}$$

となる．よって，方程式 (1) が解をもつためには

$$b'_{r+1} = 0, \cdots, b'_m = 0$$

でなければいけない．すなわち，

$$(B|\boldsymbol{b}') = \left(\begin{array}{cc|c} & & b'_1 \\ E_r & A' & \vdots \\ & & b'_r \\ \hline & & 0 \\ O_{m-r,r} & O_{m-r,m-r} & \vdots \\ & & 0 \end{array}\right)$$

である．よって

$$\mathrm{rank}\ A = r = \mathrm{rank}\ (B|\boldsymbol{b}') = \mathrm{rank}\ (A|\boldsymbol{b})$$

となるから，次の結果を得る．

定理 1.19　連立 1 次方程式が解をもつためには，係数行列の階数と拡大係数行列の階数が等しくなることである．

よって，方程式 (1) が解をもつときは，その解は方程式

$$\begin{cases} x_1 = b'_1 - c_{1r+1}x_{r+1} - \cdots - c_{1n}x_n \\ x_2 = b'_2 - c_{2r+1}x_{r+1} - \cdots - c_{2n}x_n \\ \quad\vdots \\ x_r = b'_r - c_{rr+1}x_{r+1} - \cdots - c_{rn}x_n \end{cases}$$

の解に等しい．ここで，$n-r$ 個の未知数 $x_{r+1}, \cdots, x_n$ は自由に動いてよいか

ら，それらを任意の数 $t_1, \cdots, t_{n-r}$ に置き換えると連立1次方程式 (1) の解は

$$\begin{cases} x_1 = b'_1 - c_{1r+1}t_1 - \cdots - c_{1n}t_{n-r} \\ x_2 = b'_2 - c_{2r+1}t_1 - \cdots - c_{2n}t_{n-r} \\ \quad\vdots \\ x_r = b'_r - c_{rr+1}t_1 - \cdots - c_{rn}t_{n-r} \\ x_{r+1} = t_1 \\ \quad\vdots \\ x_n = t_{n-r} \end{cases}$$

と表せる．よって，(1) の解を列ベクトルの1次結合で表すと

$$\begin{pmatrix} x_1 \\ x_2 \\ \vdots \\ x_r \\ x_{r+1} \\ \vdots \\ x_n \end{pmatrix} = \begin{pmatrix} b'_1 \\ b'_2 \\ \vdots \\ b'_r \\ 0 \\ \vdots \\ 0 \end{pmatrix} + t_1 \begin{pmatrix} -c_{1r+1} \\ -c_{2r+1} \\ \vdots \\ -c_{rr+1} \\ 1 \\ \vdots \\ 0 \end{pmatrix} + \cdots + t_{n-r} \begin{pmatrix} -c_{1n} \\ -c_{2n} \\ \vdots \\ -c_{rn} \\ 0 \\ \vdots \\ 1 \end{pmatrix}$$

となる．ところで，(1) においてすべての定数項を 0 にした同次連立1次方程式 (2) の場合には，

$$b'_1 = 0,\ b'_2 = 0, \cdots, b'_r = 0$$

になるので，(2) の解全体は

$$\begin{pmatrix} x_1 \\ x_2 \\ \vdots \\ x_r \\ x_{r+1} \\ \vdots \\ x_n \end{pmatrix} = t_1 \begin{pmatrix} -c_{1r+1} \\ -c_{2r+1} \\ \vdots \\ -c_{rr+1} \\ 1 \\ \vdots \\ 0 \end{pmatrix} + \cdots + t_{n-r} \begin{pmatrix} -c_{1n} \\ -c_{2n} \\ \vdots \\ -c_{rn} \\ 0 \\ \vdots \\ 1 \end{pmatrix}$$

で表せる．

また，前の部分の

$$\begin{pmatrix} x_1 \\ x_2 \\ \vdots \\ x_r \\ x_{r+1} \\ \vdots \\ x_n \end{pmatrix} = \begin{pmatrix} b'_1 \\ b'_2 \\ \vdots \\ b'_r \\ 0 \\ \vdots \\ 0 \end{pmatrix}$$

は連立 1 次方程式 (1) の 1 つの解である．よって，次の結果を得る．

定理 1.20

{ 連立 1 次方程式 (1) の解全体 }

=(連立 1 次方程式 (1) の 1 つの解)+{ 同次連立 1 次方程式 (2) の解全体 }.

同次連立 1 次方程式の解を求めるときには，拡大係数行列の最後の列が零ベクトルであるので，行基本変形をしても最後の列が零ベクトルであることに変わりはない．よって，同次連立 1 次方程式の解を求めるときには，次の例のように係数行列の行基本変形で求める場合が多い．

例 1.13　連立 1 次方程式

$$\begin{cases} x_1 + 2x_2 + 3x_3 = 0 \\ 4x_1 + 5x_2 + 6x_3 = 0 \\ 7x_1 + 8x_2 + 9x_3 = 0 \end{cases}$$

のすべての解を求めよ．

解．　係数行列 $A = \begin{pmatrix} 1 & 2 & 3 \\ 4 & 5 & 6 \\ 7 & 8 & 9 \end{pmatrix}$ において 2 行に 1 行の -4 倍を加え，3 行

に -7 倍を加えると

$$A \xrightarrow[\text{③}+\text{①}\times(-7)]{\text{②}+\text{①}\times(-4)} \begin{pmatrix} 1 & 2 & 3 \\ 0 & -3 & -6 \\ 0 & -6 & -12 \end{pmatrix}$$

と変形できる．さらに，2 行を $-\dfrac{1}{3}$ 倍すると

$$\begin{pmatrix} 1 & 2 & 3 \\ 0 & -3 & -6 \\ 0 & -6 & -12 \end{pmatrix} \xrightarrow{\text{②}\times\left(-\frac{1}{3}\right)} \begin{pmatrix} 1 & 2 & 3 \\ 0 & 1 & 2 \\ 0 & -6 & -12 \end{pmatrix}$$

と変形され，最後に 1 行に 2 行の -2 倍を加え，3 行に 2 行の 6 倍を加えると

$$\begin{pmatrix} 1 & 2 & 3 \\ 0 & 1 & 2 \\ 0 & -6 & -12 \end{pmatrix} \xrightarrow[\text{③}+\text{②}\times 6]{\text{①}+\text{②}\times(-2)} \begin{pmatrix} 1 & 0 & -1 \\ 0 & 1 & 2 \\ 0 & 0 & 0 \end{pmatrix} = B$$

と変形される．ここで，B に対応する同次連立 1 次方程式は

$$\begin{cases} x_1 \qquad - \ \ x_3 = 0 \\ \qquad x_2 + 2x_3 = 0 \\ \qquad\qquad\quad 0 = 0 \end{cases}$$

である．このとき，解は未知数 x_3 を任意の数 t に置き換えて

$$\begin{cases} x_1 = \ \ \ t \\ x_2 = -2t \\ x_3 = \ \ \ t \end{cases}$$

と表される．列ベクトルの 1 次結合で表すと

$$\begin{pmatrix} x_1 \\ x_2 \\ x_3 \end{pmatrix} = t \begin{pmatrix} 1 \\ -2 \\ 1 \end{pmatrix},$$

t は任意の数となる．

次に係数行列は同じであるが，定数項がすべては 0 でない，この節の最初

に考察した非同次連立 1 次方程式を考えてみる．行基本変形は前の例と同じである．

例 1.14　連立 1 次方程式

$$\begin{cases} x_1 + 2x_2 + 3x_3 = 1 \\ 4x_1 + 5x_2 + 6x_3 = -2 \\ 7x_1 + 8x_2 + 9x_3 = a \end{cases}$$

a は定数，が解をもつときの a の値を求め，そのときのすべての解を求めよ．

解．　拡大係数行列 $(A|\boldsymbol{b}) = \left(\begin{array}{ccc|c} 1 & 2 & 3 & 1 \\ 4 & 5 & 6 & -2 \\ 7 & 8 & 9 & a \end{array}\right)$ において 2 行に 1 行の -4 倍を加え，3 行に -7 倍を加えると

$$(A|\boldsymbol{b}) \xrightarrow[③+①\times(-7)]{②+①\times(-4)} \left(\begin{array}{ccc|c} 1 & 2 & 3 & 1 \\ 0 & -3 & -6 & -6 \\ 0 & -6 & -12 & a-7 \end{array}\right)$$

と変形できる．さらに，2 行を $-\dfrac{1}{3}$ 倍すると

$$\left(\begin{array}{ccc|c} 1 & 2 & 3 & 1 \\ 0 & -3 & -6 & -6 \\ 0 & -6 & -12 & a-7 \end{array}\right) \xrightarrow{②\times(-\frac{1}{3})} \left(\begin{array}{ccc|c} 1 & 2 & 3 & 1 \\ 0 & 1 & 2 & 2 \\ 0 & -6 & -12 & a-7 \end{array}\right)$$

と変形され，最後に 1 行に 2 行の -2 倍を加え，3 行に 2 行の 6 倍を加えると

$$\left(\begin{array}{ccc|c} 1 & 2 & 3 & 1 \\ 0 & 1 & 2 & 2 \\ 0 & -6 & -12 & a-7 \end{array}\right) \xrightarrow[③+②\times 6]{①+②\times(-2)} \left(\begin{array}{ccc|c} 1 & 0 & -1 & -3 \\ 0 & 1 & 2 & 2 \\ \hline 0 & 0 & 0 & a+5 \end{array}\right) = (B|\boldsymbol{b}')$$

と変形される．ここで，$(B|\boldsymbol{b}')$ に対応する連立1次方程式は

$$\begin{cases} x_1 - x_3 = -3 \\ x_2 + 2x_3 = 2 \\ 0 = a+5 \end{cases}$$

である．よって，解をもつためには $a=-5$ でなければいけない．このとき，解は未知数 x_3 を任意の数 t に置き換えて

$$\begin{cases} x_1 = -3+t \\ x_2 = 2-2t \\ x_3 = t \end{cases}$$

と表される．列ベクトルの1次結合で表すと

$$\begin{pmatrix} x_1 \\ x_2 \\ x_3 \end{pmatrix} = \begin{pmatrix} -3 \\ 2 \\ 0 \end{pmatrix} + t\begin{pmatrix} 1 \\ -2 \\ 1 \end{pmatrix},$$

t は任意の数となる．

例 1.15　連立1次方程式

$$\begin{cases} x_1 - x_2 = 2 \\ 2x_1 + x_3 = -3 \\ 3x_1 + 2x_2 + 2x_3 = a \end{cases}$$

の解を求めよ．ただし，a は定数とする．

解．　拡大係数行列 $(A|\boldsymbol{b}) = \left(\begin{array}{ccc|c} 1 & -1 & 0 & 2 \\ 2 & 0 & 1 & -3 \\ 3 & 2 & 2 & a \end{array}\right)$ において2行に1行の -2 倍，3行に1行の -3 倍を加えると

$$(A|\boldsymbol{b}) \xrightarrow[③+①\times(-3)]{②+①\times(-2)} \left(\begin{array}{ccc|c} 1 & -1 & 0 & 2 \\ 0 & 2 & 1 & -7 \\ 0 & 5 & 2 & a-6 \end{array}\right)$$

と変形される．次に3行に2行の -2 倍を加え，その後2行と3行を交換す

ると

$$\left(\begin{array}{ccc|c} 1 & -1 & 0 & 2 \\ 0 & 2 & 1 & -7 \\ 0 & 5 & 2 & a-6 \end{array}\right) \xrightarrow[\text{その後, ②}\leftrightarrow\text{③}]{\text{③}+\text{②}\times(-2)} \left(\begin{array}{ccc|c} 1 & -1 & 0 & 2 \\ 0 & 1 & 0 & a+8 \\ 0 & 2 & 1 & -7 \end{array}\right)$$

と変形される．最後に 1 行に 2 行，3 行に 2 行の -2 倍を加えると，

$$\left(\begin{array}{ccc|c} 1 & -1 & 0 & 2 \\ 0 & 1 & 0 & a+8 \\ 0 & 2 & 1 & -7 \end{array}\right) \xrightarrow[\text{③}+\text{②}\times(-2)]{\text{①}+\text{②}} \left(\begin{array}{ccc|c} 1 & 0 & 0 & a+10 \\ 0 & 1 & 0 & a+8 \\ 0 & 0 & 1 & -2a-23 \end{array}\right) = (B|\boldsymbol{b}')$$

と変形される．よって，$(B|\boldsymbol{b}')$ に対応する連立 1 次方程式は

$$\begin{cases} x_1 = a+10 \\ x_2 = a+8 \\ x_3 = -2a-23 \end{cases}$$

であり，これが方程式の解を表している．

ところで, 係数は同じ, すなわち, 左辺は同じで, 定数項がすべて 0 である同次連立 1 次方程式

$$\begin{cases} x_1 - x_2 = 0 \\ 2x_1 + x_3 = 0 \\ 3x_1 + 2x_2 + 2x_3 = 0 \end{cases}$$

の解は, 上記の変形で 4 列目は零ベクトルになっているので, 自明な解

$$\begin{pmatrix} x_1 \\ x_2 \\ x_3 \end{pmatrix} = \begin{pmatrix} 0 \\ 0 \\ 0 \end{pmatrix}$$

のみである．

例 1.16　連立1次方程式

$$\begin{cases} 2x_1 + \ \ x_2 - 3x_3 = \ \ 3 \\ -2x_1 - \ \ x_2 + 3x_3 = -3 \\ 6x_1 + 3x_2 - 9x_3 = \ \ 9 \end{cases}$$

の解を求めよ．

解.　拡大係数行列 $(A|\boldsymbol{b}) = \left(\begin{array}{ccc|c} 2 & 1 & -3 & 3 \\ -2 & -1 & 3 & -3 \\ 6 & 3 & -9 & 9 \end{array}\right)$ において2行に1行，3行に1行の -3 倍を加えると

$$(A|\boldsymbol{b}) \xrightarrow{③+①\times(-3)} \left(\begin{array}{ccc|c} 2 & 1 & -3 & 3 \\ 0 & 0 & 0 & 0 \\ 0 & 0 & 0 & 0 \end{array}\right) = (B|\boldsymbol{b}')$$

と変形され，$(B|\boldsymbol{b}')$ に対応する方程式は

$$2x_1 + x_2 - 3x_3 = 3$$

である．よって

$$x_2 = 3 - 2x_1 + 3x_3$$

と変形できるから，未知数 x_1, x_3 が自由に動けると考えて，それらを任意の数 t_1, t_2 に置き換えると，方程式の解は

$$\begin{cases} x_1 = t_1 \\ x_2 = 3 - 2t_1 + 3t_2 \\ x_3 = t_2 \end{cases}$$

と表せる．このとき，列ベクトルの1次結合で表すと

$$\begin{pmatrix} x_1 \\ x_2 \\ x_3 \end{pmatrix} = \begin{pmatrix} 0 \\ 3 \\ 0 \end{pmatrix} + t_1 \begin{pmatrix} 1 \\ -2 \\ 0 \end{pmatrix} + t_2 \begin{pmatrix} 0 \\ 3 \\ 1 \end{pmatrix}$$

である．また，さらに $(B|\boldsymbol{b}')$ を 1 行に $\dfrac{1}{2}$ を掛けて変形して

$$(B|\boldsymbol{b}') = \left(\begin{array}{ccc|c} 2 & 1 & -3 & 3 \\ 0 & 0 & 0 & 0 \\ 0 & 0 & 0 & 0 \end{array}\right) \xrightarrow{①\times\frac{1}{2}} \left(\begin{array}{ccc|c} 1 & \frac{1}{2} & -\frac{3}{2} & \frac{3}{2} \\ 0 & 0 & 0 & 0 \\ 0 & 0 & 0 & 0 \end{array}\right)$$

とすると，この行列に対応する方程式は

$$x_1 = \frac{3}{2} - \frac{1}{2}x_2 + \frac{3}{2}x_3$$

になるから，未知数 x_2, x_3 を任意の数 t_1, t_2 に置き換えると，方程式の解は

$$\begin{cases} x_1 = \dfrac{3}{2} - \dfrac{1}{2}t_1 + \dfrac{3}{2}t_2 \\ x_2 = t_1 \\ x_3 = t_2 \end{cases}$$

とも表せる．このときは，列ベクトルで表すと

$$\begin{pmatrix} x_1 \\ x_2 \\ x_3 \end{pmatrix} = \begin{pmatrix} \frac{3}{2} \\ 0 \\ 0 \end{pmatrix} + t_1 \begin{pmatrix} -\frac{1}{2} \\ 1 \\ 0 \end{pmatrix} + t_2 \begin{pmatrix} \frac{3}{2} \\ 0 \\ 1 \end{pmatrix}$$

である．ところで, 定数項がすべて 0 である同次連立 1 次方程式

$$\begin{cases} 2x_1 + x_2 - 3x_3 = 0 \\ -2x_1 - x_2 + 3x_3 = 0 \\ 6x_1 + 3x_2 - 9x_3 = 0 \end{cases}$$

の係数行列は，上記の行基本変形で

$$A = \begin{pmatrix} 2 & 1 & -3 \\ -2 & -1 & 3 \\ 6 & 3 & -9 \end{pmatrix} \longrightarrow \begin{pmatrix} 1 & \frac{1}{2} & -\frac{3}{2} \\ 0 & 0 & 0 \\ 0 & 0 & 0 \end{pmatrix}$$

と変形され，未知数 x_2, x_3 を任意の数 t_1, t_2 に置き換えると，方程式の解は

$$\begin{cases} x_1 = -\dfrac{1}{2}t_1 + \dfrac{3}{2}t_2 \\ x_2 = t_1 \\ x_3 = t_2 \end{cases}$$

である．列ベクトルで表すと

$$\begin{pmatrix} x_1 \\ x_2 \\ x_3 \end{pmatrix} = t_1\begin{pmatrix} -\dfrac{1}{2} \\ 1 \\ 0 \end{pmatrix} + t_2\begin{pmatrix} \dfrac{3}{2} \\ 0 \\ 1 \end{pmatrix}$$

である．任意定数倍になっている列ベクトルに分数を使いたくない場合は

$$\begin{pmatrix} x_1 \\ x_2 \\ x_3 \end{pmatrix} = \frac{1}{2}t_1\begin{pmatrix} -1 \\ 2 \\ 0 \end{pmatrix} + \frac{1}{2}t_2\begin{pmatrix} 3 \\ 0 \\ 2 \end{pmatrix}$$

と考える．そして，$\dfrac{t_1}{2}, \dfrac{t_2}{2}$ を改めてそれぞれ t_1, t_2 と置きなおすと解は

$$\begin{pmatrix} x_1 \\ x_2 \\ x_3 \end{pmatrix} = t_1\begin{pmatrix} -1 \\ 2 \\ 0 \end{pmatrix} + t_2\begin{pmatrix} 3 \\ 0 \\ 2 \end{pmatrix},$$

t_1, t_2 は任意の数とも表せる．

例 1.17 連立1次方程式

$$\begin{cases} x_1 - x_2 + x_3 + x_4 = 2 \\ 2x_1 - x_2 - 2x_3 - x_4 = 1 \\ x_1 + x_2 - 7x_3 - 5x_4 = a \\ 3x_1 - x_2 - 5x_3 - 3x_4 = b \end{cases}$$

a, b は定数，が解をもつときの a, b の値を求め，そのときのすべての解を求めよ．

解. 拡大係数行列 $(A|\boldsymbol{b}) = \left(\begin{array}{cccc|c} 1 & -1 & 1 & 1 & 2 \\ 2 & -1 & -2 & -1 & 1 \\ 1 & 1 & -7 & -5 & a \\ 3 & -1 & -5 & -3 & b \end{array}\right)$ において 2 行に 1 行の -2 倍，3 行に 1 行の -1 倍，4 行に 1 行の -3 倍を加えると

$$(A|\boldsymbol{b}) \xrightarrow[\substack{③+①\times(-1)\\ ④+①\times(-3)}]{②+①\times(-2)} \left(\begin{array}{cccc|c} 1 & -1 & 1 & 1 & 2 \\ 0 & 1 & -4 & -3 & -3 \\ 0 & 2 & -8 & -6 & a-2 \\ 0 & 2 & -8 & -6 & b-6 \end{array}\right)$$

と変形される．さらに 1 行に 2 行，3 行に 2 行の -2 倍，4 行に 2 行の -2 倍を加えると

$$\left(\begin{array}{cccc|c} 1 & -1 & 1 & 1 & 2 \\ 0 & 1 & -4 & -3 & -3 \\ 0 & 2 & -8 & -6 & a-2 \\ 0 & 2 & -8 & -6 & b-6 \end{array}\right) \xrightarrow[\substack{③+②\times(-2)\\ ④+②\times(-2)}]{①+②} \left(\begin{array}{cc|cc|c} 1 & 0 & -3 & -2 & -1 \\ 0 & 1 & -4 & -3 & -3 \\ \hline 0 & 0 & 0 & 0 & a+4 \\ 0 & 0 & 0 & 0 & b \end{array}\right)$$

$$= (B|\boldsymbol{b}')$$

と変形される．よって，解をもつためには，定数 a, b は $a = -4, b = 0$ でなければいけない．このとき，$(B|\boldsymbol{b}')$ に対応する連立 1 次方程式は

$$\begin{cases} x_1 - \phantom{x_2 - {}} 3x_3 - 2x_4 = -1 \\ \phantom{x_1 - {}} x_2 - 4x_3 - 3x_4 = -3 \end{cases}$$

で，未知数 x_3, x_4 は自由に動けるので任意の数 t_1, t_2 に置き換えると解は

$$\begin{cases} x_1 = -1 + 3t_1 + 2t_2 \\ x_2 = -3 + 4t_1 + 3t_2 \\ x_3 = t_1 \\ x_4 = t_2 \end{cases}$$

と表せる．列ベクトルの 1 次結合で表すと解は

$$\begin{pmatrix} x_1 \\ x_2 \\ x_3 \\ x_4 \end{pmatrix} = \begin{pmatrix} -1 \\ -3 \\ 0 \\ 0 \end{pmatrix} + t_1 \begin{pmatrix} 3 \\ 4 \\ 1 \\ 0 \end{pmatrix} + t_2 \begin{pmatrix} 2 \\ 3 \\ 0 \\ 1 \end{pmatrix},$$

t_1, t_2 は任意の数と表せる．

ところで, 定数項がすべて 0 である同次連立 1 次方程式

$$\begin{cases} x_1 - x_2 + x_3 + x_4 = 0 \\ 2x_1 - x_2 - 2x_3 - x_4 = 0 \\ x_1 + x_2 - 7x_3 - 5x_4 = 0 \\ 3x_1 - x_2 - 5x_3 - 3x_4 = 0 \end{cases}$$

の解は, 上記の変形で 5 列目は零ベクトルになっているので

$$\begin{pmatrix} x_1 \\ x_2 \\ x_3 \\ x_4 \end{pmatrix} = t_1 \begin{pmatrix} 3 \\ 4 \\ 1 \\ 0 \end{pmatrix} + t_2 \begin{pmatrix} 2 \\ 3 \\ 0 \\ 1 \end{pmatrix},$$

t_1, t_2 は任意の数と表せる．

例 1.18　連立 1 次方程式

$$\begin{cases} -x_1 + 5x_2 + x_3 + x_4 = 5 \\ -4x_1 + 7x_2 + x_3 + 2x_4 = 8 \\ -3x_1 + 8x_2 + x_3 + x_4 = 7 \\ 6x_1 - 4x_2 - 2x_4 = -6 \end{cases}$$

の解をすべて求めよ．

解.　拡大係数行列 $(A|\boldsymbol{b}) = \left(\begin{array}{cccc|c} -1 & 5 & 1 & 1 & 5 \\ -4 & 7 & 1 & 2 & 8 \\ -3 & 8 & 1 & 1 & 7 \\ 6 & -4 & 0 & -2 & -6 \end{array}\right)$ において 2 行に 1 行の -1 倍，3 行に 1 行の -1 倍を加えると

$$(A|\boldsymbol{b}) \xrightarrow[③+①\times(-1)]{②+①\times(-1)} \left(\begin{array}{cccc|c} -1 & 5 & 1 & 1 & 5 \\ -3 & 2 & 0 & 1 & 3 \\ -2 & 3 & 0 & 0 & 2 \\ 6 & -4 & 0 & -2 & -6 \end{array}\right)$$

と変形される．さらに 1 行に 2 行の -1 倍，4 行に 2 行の 2 倍を加えると

$$\left(\begin{array}{cccc|c} -1 & 5 & 1 & 1 & 5 \\ -3 & 2 & 0 & 1 & 3 \\ -2 & 3 & 0 & 0 & 2 \\ 6 & -4 & 0 & -2 & -6 \end{array}\right) \xrightarrow[④+②\times2]{①+②\times(-1)} \left(\begin{array}{cccc|c} 2 & 3 & 1 & 0 & 2 \\ -3 & 2 & 0 & 1 & 3 \\ -2 & 3 & 0 & 0 & 2 \\ 0 & 0 & 0 & 0 & 0 \end{array}\right)$$

と変形される．次に 3 行を $-\dfrac{1}{2}$ 倍すると

$$\left(\begin{array}{cccc|c} 2 & 3 & 1 & 0 & 2 \\ -3 & 2 & 0 & 1 & 3 \\ -2 & 3 & 0 & 0 & 2 \\ 0 & 0 & 0 & 0 & 0 \end{array}\right) \xrightarrow{③\times\left(-\frac{1}{2}\right)} \left(\begin{array}{cccc|c} 2 & 3 & 1 & 0 & 2 \\ -3 & 2 & 0 & 1 & 3 \\ 1 & -\frac{3}{2} & 0 & 0 & -1 \\ 0 & 0 & 0 & 0 & 0 \end{array}\right)$$

と変形される．そして 1 行に 3 行の -2 倍，2 行に 3 行の 3 倍を加えると

$$\left(\begin{array}{cccc|c} 2 & 3 & 1 & 0 & 2 \\ -3 & 2 & 0 & 1 & 3 \\ 1 & -\frac{3}{2} & 0 & 0 & -1 \\ 0 & 0 & 0 & 0 & 0 \end{array}\right) \xrightarrow[②+③\times3]{①+③\times(-2)} \left(\begin{array}{cccc|c} 0 & 6 & 1 & 0 & 4 \\ 0 & -\frac{5}{2} & 0 & 1 & 0 \\ 1 & -\frac{3}{2} & 0 & 0 & -1 \\ 0 & 0 & 0 & 0 & 0 \end{array}\right)$$

と変形される．最後に1行と3行を交換した後，2行と3行を交換すると

$$\left(\begin{array}{cccc|c} 0 & 6 & 1 & 0 & 4 \\ 0 & -\frac{5}{2} & 0 & 1 & 0 \\ 1 & -\frac{3}{2} & 0 & 0 & -1 \\ 0 & 0 & 0 & 0 & 0 \end{array}\right) \xrightarrow[\text{その後, ②}\leftrightarrow\text{③}]{\text{①}\leftrightarrow\text{③}} \left(\begin{array}{cccc|c} 1 & -\frac{3}{2} & 0 & 0 & -1 \\ 0 & 6 & 1 & 0 & 4 \\ 0 & -\frac{5}{2} & 0 & 1 & 0 \\ \hline 0 & 0 & 0 & 0 & 0 \end{array}\right)$$

$$= (B|\boldsymbol{b}')$$

と変形される．この $(B|\boldsymbol{b}')$ に対応する連立1次方程式は

$$\begin{cases} x_1 - \dfrac{3}{2}x_2 = -1 \\ 6x_2 + x_3 = 4 \\ -\dfrac{5}{2}x_2 + x_4 = 0 \end{cases}$$

で，これを変形して

$$\begin{cases} x_1 = -1 + \dfrac{3}{2}x_2 \\ x_3 = 4 - 6x_2 \\ x_4 = \dfrac{5}{2}x_2 \end{cases}$$

を考える．このとき未知数 x_2 は自由に動いてよいから，任意の数 t に置き換えると解は

$$\begin{cases} x_1 = -1 + \dfrac{3}{2}t \\ x_2 = t \\ x_3 = 4 - 6t \\ x_4 = \dfrac{5}{2}t \end{cases}$$

と表せる．列ベクトルの１次結合で表すと解は

$$\begin{pmatrix} x_1 \\ x_2 \\ x_3 \\ x_4 \end{pmatrix} = \begin{pmatrix} -1 \\ 0 \\ 4 \\ 0 \end{pmatrix} + t \begin{pmatrix} \frac{3}{2} \\ 1 \\ -6 \\ \frac{5}{2} \end{pmatrix},$$

t は任意の数である．任意定数倍になっている列ベクトルに分数を使いたくない場合は

$$\begin{pmatrix} x_1 \\ x_2 \\ x_3 \\ x_4 \end{pmatrix} = \begin{pmatrix} -1 \\ 0 \\ 4 \\ 0 \end{pmatrix} + \frac{t}{2} \begin{pmatrix} 3 \\ 2 \\ -12 \\ 5 \end{pmatrix},$$

と考える．そして，$\dfrac{t}{2}$ を改めて t と置きなおすと解は

$$\begin{pmatrix} x_1 \\ x_2 \\ x_3 \\ x_4 \end{pmatrix} = \begin{pmatrix} -1 \\ 0 \\ 4 \\ 0 \end{pmatrix} + t \begin{pmatrix} 3 \\ 2 \\ -12 \\ 5 \end{pmatrix},$$

t は任意の数と表せる．

問 1.9　次の連立１次方程式について各問に答えよ．

(1) $\begin{cases} x + 4y + 14z = 0 \\ -2x + 3y + 5z = 0 \\ 4x - y + 5z = 0 \end{cases}$ のすべての解を求めよ．

(2) $\begin{cases} x + 4y + 14z = 11 \\ -2x + 3y + 5z = 11 \\ 4x - y + 5z = k \end{cases}$ が解をもつように定数 k を定め，そのときの解をすべて求めよ．

(3) $\begin{cases} 3x_1 + 6x_2 - 9x_3 = 0 \\ 2x_1 + 4x_2 - 6x_3 = 0 \\ -4x_1 - 8x_2 + 12x_3 = 0 \end{cases}$ のすべての解を求めよ.

(4) $\begin{cases} x - 2y + 5z = 3 \\ -3x + 6y - 15z = a \\ 2x - 4y + 10z = b \end{cases}$ が解をもつように定数 a, b を定め，そのときの解をすべて求めよ.

(5) $\begin{cases} x_1 + 2x_2 + 3x_3 = 0 \\ 2x_1 - 2x_2 + 3x_3 = 0 \\ x_1 - 2x_2 + 5x_3 = 0 \end{cases}$ のすべての解を求めよ.

(6) $\begin{cases} x_1 + 3x_2 - 5x_3 = 1 \\ 2x_1 + 4x_2 - 5x_3 = 3 \\ 3x_1 + 8x_2 - 12x_3 = -2 \end{cases}$ のすべての解を求めよ.

(7) $\begin{cases} 3x_1 + 4x_2 + 11x_3 = 1 \\ 2x_1 + 3x_2 + 9x_3 = -6 \\ 5x_1 + 7x_2 + ax_3 = k \end{cases}$ が無限個の解をもつように定数 a および k を定め，そのときの解を求めよ．また，解が一意的に決まるときの a の条件と，そのときの x_3 を a, k を用いて表せ.

(8) $\begin{cases} x - y + z + w = 2 \\ 2x - y + 3z - w = 0 \\ -x + 2y + z - w = 1 \\ -2x + 3y - z - 4w = -2 \end{cases}$ のすべての解を求めよ.

(9) $\begin{cases} x + y + z + w = 0 \\ 2x - 2y - 6z + 4w = 0 \\ 2x - 3y - 8z + 3w = 0 \\ x - y - 3z + 2w = 0 \end{cases}$ のすべての解を求めよ.

(10) $\begin{cases} x_1 + x_2 - x_3 - x_4 = 1 \\ 3x_1 + 2x_2 + 2x_3 + x_4 = -1 \\ -2x_1 - 3x_2 + 8x_3 + 7x_4 = 3 \\ 3x_1 + x_2 + 8x_3 + 6x_4 = 4 \end{cases}$ のすべての解を求めよ．

(11) $\begin{cases} x_1 + 2x_2 - 3x_3 - 4x_4 = 1 \\ x_1 + 3x_2 - 5x_3 - 5x_4 = 0 \\ 2x_1 + 3x_2 - 4x_3 - 7x_4 = a \\ -3x_1 + x_2 - 5x_3 + 5x_4 = b \end{cases}$ が解をもつように定数 a, b を定め，そのときの解をすべて求めよ．

(12) $\begin{cases} 2x + y - 5z + 2w = -2 \\ -2x - y + 7z - 4w = 6 \\ 4x + 2y - 7z + 2w = -6 \\ 2x + y - 3z = 2 \end{cases}$ のすべての解を求めよ．

2
行列式

この章では行列式の計算の方法と数学的意味について学び，その後その応用について述べる．特に計算問題の例としては，3 次，4 次または 5 次の行列式について取り扱う．また，行列式の具体的な構成方法などについては付録で述べてある．

2.1　2 次の行列式

2 次正方行列 A は 4 個の成分から成り立っているが，この 4 個の数を並び方まで含めて特徴付けている 1 つの数, すなわち値を考えたい.

定義 2.1　2 次行列 $A = \begin{pmatrix} a & b \\ c & d \end{pmatrix}$ に対して数 $ad - bc$ のことを A の**行列式の値**と呼び，それを $|A| = \begin{vmatrix} a & b \\ c & d \end{vmatrix}$ または $\det(A) = \det\begin{pmatrix} a & b \\ c & d \end{pmatrix}$ で表す．今後，2 次行列の行列式を 2 次の行列式と呼ぶことにする．

問 2.1　次の 2 次の行列式を計算せよ．

$$(1)\ \begin{vmatrix} 1 & 0 \\ 0 & 1 \end{vmatrix} \quad (2)\ \begin{vmatrix} 0 & 1 \\ 1 & 0 \end{vmatrix} \quad (3)\ \begin{vmatrix} 0 & 0 \\ 2 & 3 \end{vmatrix} \quad (4)\ \begin{vmatrix} 1 & 2 \\ 3 & 4 \end{vmatrix} \quad (5)\ \begin{vmatrix} 1 & 2 \\ 30 & 40 \end{vmatrix}$$

ここから 2 次の行列式の数学的意味について考えてみよう．この値は，逆行列を表すときに重要である．

例 2.1　行列 $\begin{pmatrix} 2 & 1 \\ 3 & 5 \end{pmatrix}$ の逆行列は，$\dfrac{1}{7}\begin{pmatrix} 5 & -1 \\ -3 & 2 \end{pmatrix}$ であるが，7 は行列

式 $\begin{vmatrix} 2 & 1 \\ 3 & 5 \end{vmatrix}$ の値である.

また，行列式の値は，代数学的には連立 1 次方程式の解を表すときに重要な役割を果たす.

例 2.2 連立 1 次方程式 $\begin{cases} x + 2y = -1 \\ 3x + 9y = \ \ 2 \end{cases}$ の解は，$x = \dfrac{-13}{3}$, $y = \dfrac{5}{3}$ である. これは，行列式を使って

$$x = \frac{\begin{vmatrix} -1 & 2 \\ 2 & 9 \end{vmatrix}}{\begin{vmatrix} 1 & 2 \\ 3 & 9 \end{vmatrix}}, \ y = \frac{\begin{vmatrix} 1 & -1 \\ 3 & 2 \end{vmatrix}}{\begin{vmatrix} 1 & 2 \\ 3 & 9 \end{vmatrix}}$$

と表せる.

さらに，行列式の値は，幾何学的にも説明される.

例 2.3 下の図のような原点と 3 点 $(3,1)$, $(5,6)$, $(2,5)$ を頂点とする平行四辺形の面積は，容易に計算できるように行列式 $\begin{vmatrix} 3 & 1 \\ 2 & 5 \end{vmatrix}$ の値 13 になる.

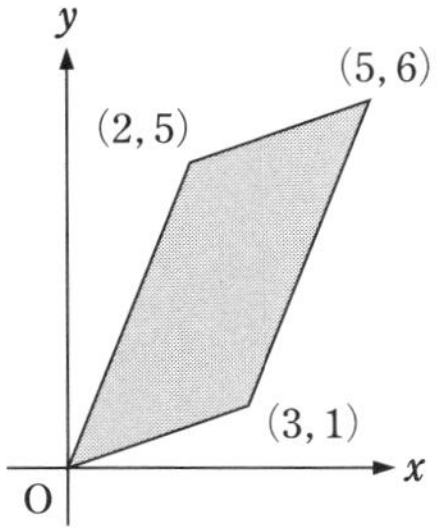

図 2.1 平行四辺形の面積

次に，行列の行基本変形で行列式の値がどのように変化するかをみてみよう.

命題 2.2　2次の行列式は行基本変形に対して次の性質をもつ．

性質 1　ある行を λ 倍すると行列式は λ 倍になる．たとえば

$$\begin{vmatrix} \lambda a & \lambda b \\ c & d \end{vmatrix} = \lambda ad - \lambda bc = \lambda(ad - bc) = \lambda \begin{vmatrix} a & b \\ c & d \end{vmatrix}.$$

性質 2　ある行に他の行の λ 倍を加えても行列式は変わらない．たとえば

$$\begin{aligned} \begin{vmatrix} a & b \\ c + \lambda a & d + \lambda b \end{vmatrix} &= a(d + \lambda b) - b(c + \lambda a) \\ &= ad + \lambda ab - bc - \lambda ab = ad - bc = \begin{vmatrix} a & b \\ c & d \end{vmatrix}. \end{aligned}$$

性質 3　異なる2つの行を交換すると行列式の符号が変わる．すなわち

$$\begin{vmatrix} c & d \\ a & b \end{vmatrix} = cb - da = -(ad - bc) = - \begin{vmatrix} a & b \\ c & d \end{vmatrix}.$$

2次行列は，行基本変形で単位行列 E_2 または2行目の2個の成分がともに0である行列 $\begin{pmatrix} a & b \\ 0 & 0 \end{pmatrix}$ にできる．行基本変形の逆は，また行基本変形であるから，この行列のどちらかから，行基本変形で元の行列にできる．よって，$|E_2| = 1$ または $\begin{vmatrix} a & b \\ 0 & 0 \end{vmatrix} = 0$ と上記の行列式の行基本変形に対する値の変わり方を追うことで逆に，元の行列式の値を求めることができる．実際，このことを次の例で見てみよう．

例 2.4

$$\begin{pmatrix} 2 & 5 \\ 3 & 1 \end{pmatrix} \xrightarrow{①\leftrightarrow②} \begin{pmatrix} 3 & 1 \\ 2 & 5 \end{pmatrix} \xrightarrow{①-②} \begin{pmatrix} 1 & -4 \\ 2 & 5 \end{pmatrix} \xrightarrow{②-①\times 2}$$

$$\begin{pmatrix} 1 & -4 \\ 0 & 13 \end{pmatrix} \xrightarrow{②\times\frac{1}{13}} \begin{pmatrix} 1 & -4 \\ 0 & 1 \end{pmatrix} \xrightarrow{①+②\times 4} \begin{pmatrix} 1 & 0 \\ 0 & 1 \end{pmatrix}$$

この変形を逆にみると

$$\begin{pmatrix} 1 & 0 \\ 0 & 1 \end{pmatrix} \xrightarrow{①+②\times(-4)} \begin{pmatrix} 1 & -4 \\ 0 & 1 \end{pmatrix} \xrightarrow{②\times 13} \begin{pmatrix} 1 & -4 \\ 0 & 13 \end{pmatrix}$$

$$\xrightarrow{②+①\times 2} \begin{pmatrix} 1 & -4 \\ 2 & 5 \end{pmatrix} \xrightarrow{①+②} \begin{pmatrix} 3 & 1 \\ 2 & 5 \end{pmatrix} \xrightarrow{①\leftrightarrow②} \begin{pmatrix} 2 & 5 \\ 3 & 1 \end{pmatrix}$$

命題 2.2 を使うと

$$\begin{vmatrix} 1 & -4 \\ 0 & 1 \end{vmatrix} = \begin{vmatrix} 1 & 0 \\ 0 & 1 \end{vmatrix} = 1, \qquad \begin{vmatrix} 1 & -4 \\ 0 & 13 \end{vmatrix} = 13\begin{vmatrix} 1 & -4 \\ 0 & 1 \end{vmatrix} = 13,$$

$$\begin{vmatrix} 1 & -4 \\ 2 & 5 \end{vmatrix} = \begin{vmatrix} 1 & -4 \\ 0 & 13 \end{vmatrix} = 13, \qquad \begin{vmatrix} 3 & 1 \\ 2 & 5 \end{vmatrix} = \begin{vmatrix} 1 & -4 \\ 2 & 5 \end{vmatrix} = 13,$$

$$\begin{vmatrix} 2 & 5 \\ 3 & 1 \end{vmatrix} = -\begin{vmatrix} 3 & 1 \\ 2 & 5 \end{vmatrix} = -13$$

となる．また，

$$\begin{pmatrix} 2 & -5 \\ -6 & 15 \end{pmatrix} \xrightarrow{②+①\times 3} \begin{pmatrix} 2 & -5 \\ 0 & 0 \end{pmatrix}$$

であるが，この逆変形は

$$\begin{pmatrix} 2 & -5 \\ 0 & 0 \end{pmatrix} \xrightarrow{②+①\times(-3)} \begin{pmatrix} 2 & -5 \\ -6 & 15 \end{pmatrix}$$

となる．よって，命題 2.2 を使うと

$$\begin{vmatrix} 2 & -5 \\ -6 & 15 \end{vmatrix} = \begin{vmatrix} 2 & -5 \\ 0 & 0 \end{vmatrix} = 0$$

となる．ここで，$\begin{vmatrix} a & b \\ 0 & 0 \end{vmatrix} = 0$ であることは，命題 2.2 性質 1 から出ることに

注意したい．実際，

$$\begin{pmatrix} a & b \\ c & d \end{pmatrix} \xrightarrow{②\times 0} \begin{pmatrix} a & b \\ 0 & 0 \end{pmatrix}$$

であるので，

$$\begin{vmatrix} a & b \\ 0 & 0 \end{vmatrix} = 0 \begin{vmatrix} a & b \\ c & d \end{vmatrix} = 0$$

である．

上のことから，行列式の値は単位行列 E_2 の値を 1 と定め，行基本変形について命題 2.2 の性質をもったものと考えてもよいことがわかる．すなわち，2 次の行列式は次のようにも定義できる．

定義 2.3　2 次行列に対して次のような 4 つの性質をもっている値を **2 次の行列式の値**と呼ぶ．

性質 1　ある行を λ 倍するとその値は λ 倍になる．

性質 2　ある行に他の行の λ 倍を加えてもその値は変わらない．

性質 3　異なる 2 つの行を交換するとその値の符号が変わる．

性質 4　単位行列 E_2 の値は 1 である．

2.2　3 次の行列式の定義

行基本変形を用いた 2 次の行列式の定義 2.3 を使って 3 次の行列式の定義を次のように与える．

定義 2.4　3 次行列に対して次のような 4 つの性質をもっている値を **3 次の行列式の値**と呼ぶ．

性質 1　ある行を λ 倍するとその値は λ 倍になる．

性質 2　ある行に他の行の λ 倍を加えてもその値は変わらない．

性質 3　異なる 2 つの行を交換するとその値の符号が変わる．

性質 4　単位行列 E_3 の値は 1 である．

3次の行列式の値は，2次の場合と同様の記号を用いる．すなわち，3次行列

$$A = \begin{pmatrix} a_{11} & a_{12} & a_{13} \\ a_{21} & a_{22} & a_{23} \\ a_{31} & a_{32} & a_{33} \end{pmatrix}$$

について $|A|$ または

$$\begin{vmatrix} a_{11} & a_{12} & a_{13} \\ a_{21} & a_{22} & a_{23} \\ a_{31} & a_{32} & a_{33} \end{vmatrix}$$

で表す．2次行列と同じように det を使う表し方もできる．

ここで，問題になるのは上の定義を満たすものが，3次行列の場合に存在するかどうかであるが，実際，

$$\begin{vmatrix} a_{11} & a_{12} & a_{13} \\ a_{21} & a_{22} & a_{23} \\ a_{31} & a_{32} & a_{33} \end{vmatrix}$$

を

$$a_{11}a_{22}a_{33} + a_{12}a_{23}a_{31} + a_{13}a_{21}a_{32} - a_{13}a_{22}a_{31} - a_{12}a_{21}a_{33} - a_{11}a_{23}a_{32}$$

とすれば，定義の4つの条件を満たしている．証明については，付録を参照すること．この計算方法を図示してみると図2.2のようになる．

このような計算方法を**サラスの方法**と呼び，3次の行列式の計算をするときに使うことができる．後で見るが，このように定義すると3次行列についても例2.1, 例2.2のようなことが成立する．また，例2.3で平行四辺形を平行六面体に，面積を体積に置き換えると同様なことが成立する．それでは，いくつかの例を実際に計算してみよう．

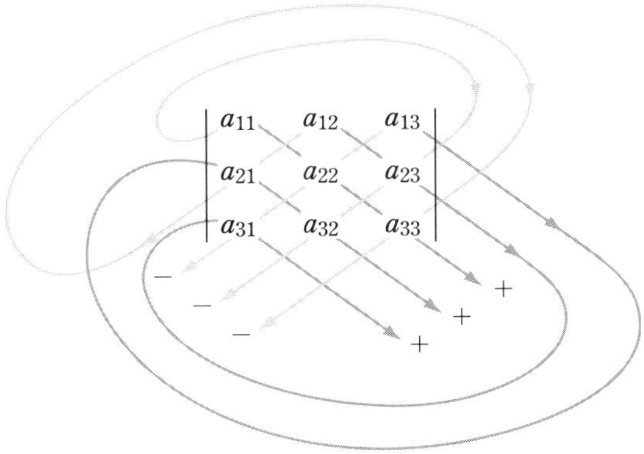

図 **2.2**　サラスの方法

例 2.5

(1) $\begin{vmatrix} 1 & 2 & 3 \\ 4 & 5 & 6 \\ 7 & 8 & 9 \end{vmatrix} = 1\cdot5\cdot9+2\cdot6\cdot7+3\cdot4\cdot8-3\cdot5\cdot7-2\cdot4\cdot9-1\cdot6\cdot8$

$= 45+84+96-105-72-48 = 0$

(2) $\begin{vmatrix} -2 & 2 & 3 \\ 4 & -3 & 2 \\ -3 & 5 & -2 \end{vmatrix}$

$= (-2)\cdot(-3)\cdot(-2)+2\cdot2\cdot(-3)+3\cdot4\cdot5-3\cdot(-3)\cdot(-3)-2\cdot4\cdot(-2)-(-2)\cdot2\cdot5$

$= 45.$

問 2.2　次の3次の行列式を計算せよ．

(1) $\begin{vmatrix} 2 & 8 & 9 \\ 0 & 1 & 2 \\ 0 & 3 & 4 \end{vmatrix}$　(2) $\begin{vmatrix} 1 & 2 & 3 \\ 4 & 5 & 6 \\ 7 & 8 & -9 \end{vmatrix}$　(3) $\begin{vmatrix} 3 & -2 & -2 \\ -2 & -5 & 2 \\ 2 & -3 & 4 \end{vmatrix}$

(4) $\begin{vmatrix} x & 1 & 1 \\ 1 & x & 1 \\ 1 & 1 & x \end{vmatrix}$

2.3 4 次以上の行列式の定義

4 次以上の行列についても定義 2.3 や定義 2.4 と同じように行基本変形でどのように変わるかで行列式を定義する．

定義 2.5 n 次行列に対して次のような 4 つの性質をもっている値を n 次の**行列式の値**と呼ぶ．

性質 1 ある行を λ 倍するとその値は λ 倍になる．

性質 2 ある行に他の行の λ 倍を加えてもその値は変わらない．

性質 3 異なる 2 つの行を交換するとその値の符号が変わる．

性質 4 単位行列 E_n の値は 1 である．

n 次の行列式の値についても，いままでと同様の記号を用いる．すなわち，n 次行列

$$A = \begin{pmatrix} a_{11} & \cdots & a_{1n} \\ \vdots & \ddots & \vdots \\ a_{n1} & \cdots & a_{nn} \end{pmatrix}$$

について行列式の値を $|A|$ または

$$\begin{vmatrix} a_{11} & \cdots & a_{1n} \\ \vdots & \ddots & \vdots \\ a_{n1} & \cdots & a_{nn} \end{vmatrix}$$

で表す．また， det を使う表し方もできる．

定義 2.5 の 4 つの性質を満たす値は，存在すれば一意的に決まることが示せるが，この証明は省略する．実際，上記の定義の 4 つの条件を満たす値を A の n^2 個の成分を使って表すことができる．この表し方，そして条件を満たすことについては付録を参照して欲しい．ところで，4 次以上の行列式の値の求め方であるが，2 次の行列式や 3 次の行列式のように直接には計算しない．その理由は，たとえば 4 次の行列式を直接計算するならば 4 個の数の積を 24 個足し算する必要があり，計算がたいへん煩雑であるからである．4 次以上の行列式の計算の基本は次の定理 (たとえば，行列式の具体的な形である定義 2.29，そして定義 2.5 性質 3，系 2.9 (3) および定理 2.8 を使えば導くことができる)

を使って，1 次低い次数の行列式の計算に帰着することである．たとえば，次の定理を使うと 4 次の行列式の計算は 3 次の行列式の計算ができればよいことになる．

定理 2.6

$$\left|\begin{array}{c|ccc} a_{11} & a_{12} & \cdots & a_{1n} \\ \hline 0 & a_{22} & \cdots & a_{2n} \\ \vdots & \vdots & \ddots & \vdots \\ 0 & a_{n2} & \cdots & a_{nn} \end{array}\right| = a_{11}\begin{vmatrix} a_{22} & \cdots & a_{2n} \\ \vdots & \ddots & \vdots \\ a_{n2} & \cdots & a_{nn} \end{vmatrix}.$$

それでは，どのようにして定理の左辺のような形にするか．それは次の例で見るように行基本変形を用いる．

例 2.6

4 次の行列式 $\begin{vmatrix} 1 & 2 & 3 & -1 \\ 2 & -3 & 1 & -3 \\ -1 & -3 & 2 & 2 \\ -3 & 1 & -2 & 4 \end{vmatrix}$ を計算せよ．

解．　定理 2.6 の形にするためには，$(1,1)$ 成分を軸として 1 列を掃き出せばよい．すなわち，2 行に 1 行の -2 倍，3 行に 1 行，4 行に 1 行の 3 倍を加えると

$$\begin{vmatrix} 1 & 2 & 3 & -1 \\ 2 & -3 & 1 & -3 \\ -1 & -3 & 2 & 2 \\ -3 & 1 & -2 & 4 \end{vmatrix} \underset{\substack{③+① \\ ④+①\times 3}}{\overset{②+①\times(-2)}{=}} \begin{vmatrix} 1 & 2 & 3 & -1 \\ 0 & -7 & -5 & -1 \\ 0 & -1 & 5 & 1 \\ 0 & 7 & 7 & 1 \end{vmatrix}$$

となり，定理 2.6 の形になる．よって，定理 2.6 とサラスの方法を使うと

$$\begin{vmatrix} 1 & 2 & 3 & -1 \\ 0 & -7 & -5 & -1 \\ 0 & -1 & 5 & 1 \\ 0 & 7 & 7 & 1 \end{vmatrix} = \begin{vmatrix} -7 & -5 & -1 \\ -1 & 5 & 1 \\ 7 & 7 & 1 \end{vmatrix} = -35 - 35 + 7 + 35 - 5 + 49 = 16$$

となる．

もう 1 つ例をみてみよう．今度は 5 次の行列式である．

例 2.7

行列式 $\begin{vmatrix} 3 & -1 & 3 & 1 & 1 \\ -2 & 2 & -2 & 0 & -2 \\ -2 & -2 & 0 & 1 & 3 \\ 0 & -1 & 1 & -2 & -1 \\ 4 & 0 & 0 & -2 & 0 \end{vmatrix}$ を計算せよ．

解.　$(1,1)$ 成分に 1 を作るために，1 行に 2 行を足すと

$$\begin{vmatrix} 3 & -1 & 3 & 1 & 1 \\ -2 & 2 & -2 & 0 & -2 \\ -2 & -2 & 0 & 1 & 3 \\ 0 & -1 & 1 & -2 & -1 \\ 4 & 0 & 0 & -2 & 0 \end{vmatrix} \overset{①+②}{=} \begin{vmatrix} 1 & 1 & 1 & 1 & -1 \\ -2 & 2 & -2 & 0 & -2 \\ -2 & -2 & 0 & 1 & 3 \\ 0 & -1 & 1 & -2 & -1 \\ 4 & 0 & 0 & -2 & 0 \end{vmatrix}$$

になる．あとは，$(1,1)$ 成分を軸として 1 列を掃き出せばよい．すなわち，2 行に 1 行の 2 倍，3 行に 1 行の 2 倍，5 行に 1 行の -4 倍を足して，定理 2.6 の形にする．そして，定理 2.6 を適用して 4 次の行列式にする．すなわち，

$$\begin{vmatrix} 1 & 1 & 1 & 1 & -1 \\ -2 & 2 & -2 & 0 & -2 \\ -2 & -2 & 0 & 1 & 3 \\ 0 & -1 & 1 & -2 & -1 \\ 4 & 0 & 0 & -2 & 0 \end{vmatrix} \underset{\substack{③+①\times 2 \\ ⑤+①\times(-4)}}{\overset{②+①\times 2}{=}} \begin{vmatrix} 1 & 1 & 1 & 1 & -1 \\ 0 & 4 & 0 & 2 & -4 \\ 0 & 0 & 2 & 3 & 1 \\ 0 & -1 & 1 & -2 & -1 \\ 0 & -4 & -4 & -6 & 4 \end{vmatrix}$$

$$= \begin{vmatrix} 4 & 0 & 2 & -4 \\ 0 & 2 & 3 & 1 \\ -1 & 1 & -2 & -1 \\ -4 & -4 & -6 & 4 \end{vmatrix}$$

この 4 次の行列式は，たとえば 4 行に 1 行を足して，その後 1 行と 3 行を交換

すると

$$\begin{vmatrix} 4 & 0 & 2 & -4 \\ 0 & 2 & 3 & 1 \\ -1 & 1 & -2 & -1 \\ -4 & -4 & -6 & 4 \end{vmatrix} \overset{④+①}{=} \begin{vmatrix} 4 & 0 & 2 & -4 \\ 0 & 2 & 3 & 1 \\ -1 & 1 & -2 & -1 \\ 0 & -4 & -4 & 0 \end{vmatrix}$$

$$\overset{①\leftrightarrow③}{=} -\begin{vmatrix} -1 & 1 & -2 & -1 \\ 0 & 2 & 3 & 1 \\ 4 & 0 & 2 & -4 \\ 0 & -4 & -4 & 0 \end{vmatrix}$$

ここで，1行と3行の交換という行の交換をしているので，行列式の値が -1 倍になることに注意して欲しい．そして，3行に1行の4倍を足して定理2.6を適用して3次の行列式にして計算すると結果を得る．すなわち，

$$-\begin{vmatrix} -1 & 1 & -2 & -1 \\ 0 & 2 & 3 & 1 \\ 4 & 0 & 2 & -4 \\ 0 & -4 & -4 & 0 \end{vmatrix} \overset{③+①\times 4}{=} -\begin{vmatrix} -1 & 1 & -2 & -1 \\ 0 & 2 & 3 & 1 \\ 0 & 4 & -6 & -8 \\ 0 & -4 & -4 & 0 \end{vmatrix}$$

$$= -(-1)\begin{vmatrix} 2 & 3 & 1 \\ 4 & -6 & -8 \\ -4 & -4 & 0 \end{vmatrix}$$

$$= 96-16-24-64=-8$$

例 2.8

4次の行列式 $\begin{vmatrix} 1 & 0 & 0 & 0 \\ 0 & 2 & 3 & 0 \\ 0 & 0 & 4 & 5 \\ 0 & 6 & 0 & 7 \end{vmatrix}$ を計算せよ．

解. 定理 2.6 とサラスの方法より

$$\begin{vmatrix} 1 & 0 & 0 & 0 \\ 0 & 2 & 3 & 0 \\ 0 & 0 & 4 & 5 \\ 0 & 6 & 0 & 7 \end{vmatrix} = \begin{vmatrix} 2 & 3 & 0 \\ 0 & 4 & 5 \\ 6 & 0 & 7 \end{vmatrix} = 56 + 90 + 0 - 0 - 0 - 0 = 146$$

である．ところで，前で注意したように 4 次以上の行列式の計算にサラスの方法のような計算方法を用いることはできない．実際，この 4 次の行列式にサラスの方法のような計算方法を用いると 8 つの項の和である

$$56 + 0 + 0 + 0 - 0 - 0 - 0 - 0 = 56 \neq 146$$

となる．しかし，4 次の行列式は 24 個の項の和である．実際，この方法で 計算すると，たとえば $1 \times 3 \times 5 \times 6$ という項が加えられていない．

問 2.3 次の 4 次または 5 次の行列式を計算せよ．

(1) $\begin{vmatrix} 2 & 4 & 5 & 9 \\ 0 & 2 & -3 & 4 \\ 0 & 3 & -1 & 5 \\ 0 & 1 & 2 & -3 \end{vmatrix}$ (2) $\begin{vmatrix} 1 & 3 & 1 & 1 \\ 3 & -1 & 1 & -1 \\ 1 & 1 & 2 & -1 \\ 1 & 2 & 3 & -1 \end{vmatrix}$ (3) $\begin{vmatrix} -1 & 2 & 1 & 3 \\ 2 & 1 & -2 & 1 \\ 1 & 3 & -1 & -2 \\ -2 & -1 & 3 & 2 \end{vmatrix}$

(4) $\begin{vmatrix} 2 & 3 & -2 & 3 \\ 3 & 2 & -3 & 2 \\ -2 & -4 & 3 & -2 \\ -3 & 2 & 4 & -3 \end{vmatrix}$ (5) $\begin{vmatrix} 1 & 1 & 1 & x \\ 1 & 1 & x & 1 \\ 1 & x & 1 & 1 \\ x & 1 & 1 & x^2 \end{vmatrix}$

(6) $\begin{vmatrix} 1 & 2 & 1 & 1 & -1 \\ -1 & -1 & 2 & 2 & -1 \\ -1 & 2 & 2 & 1 & -9 \\ -1 & 1 & 0 & 1 & -1 \\ -1 & 2 & 0 & 1 & -3 \end{vmatrix}$ (7) $\begin{vmatrix} 3 & -1 & 1 & -1 & -1 \\ 1 & 2 & -1 & 1 & 5 \\ 1 & 3 & 1 & 1 & -1 \\ 1 & 1 & 0 & -1 & -1 \\ 1 & 2 & 0 & -1 & -1 \end{vmatrix}$

2.4 転置行列と行列式

この節では，行列式は列についても行と同じ性質をもつことを示す．そのために行列で行と列を置き換えた次のような行列を考える．

定義 2.7　(m,n) 行列

$$A = \begin{pmatrix} a_{11} & a_{12} & \cdots & a_{1n} \\ a_{21} & a_{22} & \cdots & a_{2n} \\ \vdots & \vdots & \ddots & \vdots \\ a_{m1} & a_{m2} & \cdots & a_{mn} \end{pmatrix}$$

において行と列を入れ換えた行列，すなわち 1 行を 1 列に，2 行を 2 列に，$\cdots$，m 行を m 列にした (n,m) 行列

$$\begin{pmatrix} a_{11} & a_{21} & \cdots & a_{m1} \\ a_{12} & a_{22} & \cdots & a_{m2} \\ \vdots & \vdots & \ddots & \vdots \\ a_{1n} & a_{2n} & \cdots & a_{mn} \end{pmatrix}$$

を A の**転置行列**と呼び，${}^tA$ と表す．すなわち，${}^tA$ の (j,i) 成分は，A の (i,j) 成分である．

例 2.9　行列 $A = \begin{pmatrix} 1 & 2 & 3 \\ 4 & 5 & 6 \\ 7 & 8 & 9 \end{pmatrix}$ と $B = \begin{pmatrix} 0 & 1 \\ 2 & 0 \\ 0 & 3 \\ 4 & 0 \end{pmatrix}$ の転置行列を求めよ．

解.　${}^tA = \begin{pmatrix} 1 & 4 & 7 \\ 2 & 5 & 8 \\ 3 & 6 & 9 \end{pmatrix}$，　${}^tB = \begin{pmatrix} 0 & 2 & 0 & 4 \\ 1 & 0 & 3 & 0 \end{pmatrix}$.

次の定理が，行列式が列に対しても行と同じ性質をもつことを保証している．

定理 2.8　A を n 次行列としたとき $|{}^tA| = |A|$ である．

定理 2.8 の証明の概略はこの章の付録に述べてある，実際，この定理を使

うと，

$$\begin{vmatrix} 10x & 1 & 2 \\ 10y & 3 & 4 \\ 10z & 5 & 6 \end{vmatrix} = \begin{vmatrix} 10x & 10y & 10z \\ 1 & 3 & 5 \\ 2 & 4 & 6 \end{vmatrix} = 10\begin{vmatrix} x & y & z \\ 1 & 3 & 5 \\ 2 & 4 & 6 \end{vmatrix} = 10\begin{vmatrix} x & 1 & 2 \\ y & 3 & 4 \\ z & 5 & 6 \end{vmatrix}$$

となり，1 列を 10 倍すると行列式の値も 10 倍になることがわかる．行列式の行について成立している他の性質についても同様の方法で列についても成立することがわかる．すなわち，

系 2.9

(1) ある列を λ 倍すると行列式の値は λ 倍になる．

(2) ある列に他の列の λ 倍を加えても行列式の値は変わらない．

(3) 異なる 2 つの列を交換すると行列式の値の符号が変わる．

(4) $$\left|\begin{array}{c|ccc} a_{11} & 0 & \cdots & 0 \\ \hline a_{21} & a_{22} & \cdots & a_{2n} \\ \vdots & \vdots & \ddots & \vdots \\ a_{n1} & a_{n2} & \cdots & a_{nn} \end{array}\right| = a_{11}\begin{vmatrix} a_{22} & \cdots & a_{2n} \\ \vdots & \ddots & \vdots \\ a_{n2} & \cdots & a_{nn} \end{vmatrix}$$

例 2.10

5 次の行列式 $\begin{vmatrix} 2 & 0 & 0 & -2 & 0 \\ 2 & -1 & 1 & -3 & -1 \\ -3 & 2 & 3 & 1 & -2 \\ 4 & -2 & -1 & 0 & 3 \\ -2 & 1 & 2 & -2 & -3 \end{vmatrix}$ を計算せよ．

解.　4 列に 1 列を加えて系 2.9 (4) を使うと

$$\begin{vmatrix} 2 & 0 & 0 & -2 & 0 \\ 2 & -1 & 1 & -3 & -1 \\ -3 & 2 & 3 & 1 & -2 \\ 4 & -2 & -1 & 0 & 3 \\ -2 & 1 & 2 & -2 & -3 \end{vmatrix} \overset{4\text{列}+1\text{列}}{=} \begin{vmatrix} 2 & 0 & 0 & 0 & 0 \\ 2 & -1 & 1 & -1 & -1 \\ -3 & 2 & 3 & -2 & -2 \\ 4 & -2 & -1 & 4 & 3 \\ -2 & 1 & 2 & -4 & -3 \end{vmatrix}$$

$$= 2 \begin{vmatrix} -1 & 1 & -1 & -1 \\ 2 & 3 & -2 & -2 \\ -2 & -1 & 4 & 3 \\ 1 & 2 & -4 & -3 \end{vmatrix}$$

になり，4 次の行列式の計算ができればよいことになる．よって，2 行に 1 行の 2 倍，3 行に 1 行の -2 倍，4 行に 1 行を加えると

$$2 \begin{vmatrix} -1 & 1 & -1 & -1 \\ 2 & 3 & -2 & -2 \\ -2 & -1 & 4 & 3 \\ 1 & 2 & -4 & -3 \end{vmatrix} \underset{\substack{③+①\times(-2) \\ ④+①}}{\overset{②+①\times 2}{=}} 2 \begin{vmatrix} -1 & 1 & -1 & -1 \\ 0 & 5 & -4 & -4 \\ 0 & -3 & 6 & 5 \\ 0 & 3 & -5 & -4 \end{vmatrix}$$

$$= 2\cdot(-1) \begin{vmatrix} 5 & -4 & -4 \\ -3 & 6 & 5 \\ 3 & -5 & -4 \end{vmatrix}$$

$$= -2(-120-60-60+72+48+125) = -10$$

となる．この 4 次の行列式の計算は，列の変形を使って計算してもよい．

問 2.4　次の行列式を計算せよ．

(1) $\begin{vmatrix} x & 2y & 3z \\ 4x & 5y & 6z \\ 7x & 8y & 9z \end{vmatrix}$　(2) $\begin{vmatrix} -2 & 0 & 0 & 0 \\ 3 & 1 & -1 & 3 \\ -5 & 2 & 1 & -2 \\ 8 & 3 & 2 & -1 \end{vmatrix}$　(3) $\begin{vmatrix} 1 & 0 & -1 & -1 \\ 2 & 1 & -2 & -3 \\ 3 & -4 & -4 & 2 \\ 4 & -2 & 3 & -2 \end{vmatrix}$

(4) $\begin{vmatrix} 3 & 0 & 0 & 0 & -3 \\ 3 & 3 & 2 & -3 & 2 \\ -2 & -4 & 3 & 2 & -3 \\ -3 & -2 & -2 & 3 & 2 \\ -5 & -2 & -3 & 3 & 3 \end{vmatrix}$　(5) $\begin{vmatrix} 1 & 0 & -1 & 2 & 0 \\ -2 & -1 & 1 & -2 & 3 \\ 0 & 1 & -1 & -2 & 2 \\ 2 & 1 & 0 & -3 & 1 \\ -3 & 0 & 0 & 0 & 2 \end{vmatrix}$

(6) $\begin{vmatrix} -1 & 1 & 1 & 1 & 1 \\ 1 & -1 & 1 & 1 & 1 \\ 1 & 1 & -1 & 1 & 1 \\ 1 & 1 & 1 & -1 & 1 \\ 1 & 1 & 1 & 1 & -1 \end{vmatrix}$　(7) $\begin{vmatrix} 1 & 3 & 3 & 3 & 3 \\ 1 & 3 & 1 & 1 & 1 \\ 1 & 1 & 3 & 1 & 1 \\ 1 & 1 & 1 & 3 & 1 \\ 1 & 1 & 1 & 1 & 3 \end{vmatrix}$

2.5　余因子展開

この節では定理 2.6 および系 2.9 (4) を一般化し，行列式の計算が，より容易にできるようにする．また，この一般化したことが次節で述べる行列式の応用の鍵になる．一般化するためには，行列式についての次の性質が必要になってくるが，このことは **2.8 付録**で証明することとし，ここでは次の注意を認めて話を進める．

注意　行列式は，それぞれの行および列について加法的である．すなわち

(1) $$\begin{vmatrix} a_{11} & a_{12} & \cdots & a_{1n} \\ \vdots & \vdots & \ddots & \vdots \\ a_{i1}+b_1 & a_{i2}+b_2 & \cdots & a_{in}+b_n \\ \vdots & \vdots & \ddots & \vdots \\ a_{n1} & a_{n2} & \cdots & a_{nn} \end{vmatrix} = \begin{vmatrix} a_{11} & a_{12} & \cdots & a_{1n} \\ \vdots & \vdots & \ddots & \vdots \\ a_{i1} & a_{i2} & \cdots & a_{in} \\ \vdots & \vdots & \ddots & \vdots \\ a_{n1} & a_{n2} & \cdots & a_{nn} \end{vmatrix} + \begin{vmatrix} a_{11} & a_{12} & \cdots & a_{1n} \\ \vdots & \vdots & \ddots & \vdots \\ b_1 & b_2 & \cdots & b_n \\ \vdots & \vdots & \ddots & \vdots \\ a_{n1} & a_{n2} & \cdots & a_{nn} \end{vmatrix}$$

(2)
$$\begin{vmatrix} a_{11} & \cdots & a_{1j}+b_1 & \cdots & a_{1n} \\ a_{21} & \cdots & a_{2j}+b_2 & \cdots & a_{2n} \\ \vdots & \ddots & \vdots & \ddots & \vdots \\ a_{n1} & \cdots & a_{nj}+b_n & \cdots & a_{nn} \end{vmatrix} = \begin{vmatrix} a_{11} & \cdots & a_{1j} & \cdots & a_{1n} \\ a_{21} & \cdots & a_{2j} & \cdots & a_{2n} \\ \vdots & \ddots & \vdots & \ddots & \vdots \\ a_{n1} & \cdots & a_{nj} & \cdots & a_{nn} \end{vmatrix} + \begin{vmatrix} a_{11} & \cdots & b_1 & \cdots & a_{1n} \\ a_{21} & \cdots & b_2 & \cdots & a_{2n} \\ \vdots & \ddots & \vdots & \ddots & \vdots \\ a_{n1} & \cdots & b_n & \cdots & a_{nn} \end{vmatrix}$$

定義 2.10　n 次行列 $A=(a_{ij})$　から i 行と j 列を取り除いた $n-1$ 次行列

$$\left(\begin{array}{ccc|ccc} a_{11} & \cdots & a_{1j-1} & a_{1j+1} & \cdots & a_{1n} \\ \vdots & \ddots & \vdots & \vdots & \ddots & \vdots \\ a_{i-11} & \cdots & a_{i-1j-1} & a_{i-1j+1} & \cdots & a_{i-1n} \\ \hline a_{i+11} & \cdots & a_{i+1j-1} & a_{i+1j+1} & \cdots & a_{i+1n} \\ \vdots & \ddots & \vdots & \vdots & \ddots & \vdots \\ a_{n1} & \cdots & a_{nj-1} & a_{nj+1} & \cdots & a_{nn} \end{array}\right)$$

を A_{ij} と表したとき，その行列式に $(-1)^{i+j}$ を掛けたもの，すなわち

$$(-1)^{i+j}|A_{ij}|$$

を行列 A の $(\boldsymbol{i},\boldsymbol{j})$ **余因子**と呼び，Δ_{ij} で表す．

次の定理が応用上また理論上重要な**余因子展開の定理**である．

定理 2.11　$A=(a_{ij})$ を n 次行列とする．このとき

(1)　すべての $j=1,2,\cdots,n$ について

$$a_{1j}\Delta_{1j}+a_{2j}\Delta_{2j}+\cdots+a_{nj}\Delta_{nj}=|A|$$

が成立する．これを行列式 $|A|$ の $\boldsymbol{j}$ **列による展開**と呼ぶ．

(2)　すべての $i = 1, 2, \cdots, n$ について

$$a_{i1}\Delta_{i1} + a_{i2}\Delta_{i2} + \cdots + a_{in}\Delta_{in} = |A|$$

が成立する．これを行列式 $|A|$ の $\boldsymbol{i}$ **行による展開**と呼ぶ．

証明． (1)　行列式の列についての加法性を使うと

$$|A| = \begin{vmatrix} a_{11} & \cdots & a_{1j} & \cdots & a_{1n} \\ \vdots & \ddots & \vdots & \ddots & \vdots \\ a_{i1} & \cdots & a_{ij} & \cdots & a_{in} \\ \vdots & \ddots & \vdots & \ddots & \vdots \\ a_{n1} & \cdots & a_{nj} & \cdots & a_{nn} \end{vmatrix}$$

$$= \sum_{i=1}^{n} \begin{vmatrix} a_{11} & \cdots & a_{1j-1} & 0 & a_{1j+1} & \cdots & a_{1n} \\ \vdots & \ddots & \vdots & \vdots & \vdots & \ddots & \vdots \\ a_{i-11} & \cdots & a_{i-1j-1} & 0 & a_{i-1j+1} & \cdots & a_{i-1n} \\ a_{i1} & \cdots & a_{ij-1} & a_{ij} & a_{ij+1} & \cdots & a_{in} \\ a_{i+11} & \cdots & a_{i+1j-1} & 0 & a_{i+1j+1} & \cdots & a_{i+1n} \\ \vdots & \ddots & \vdots & 0 & \vdots & \ddots & \vdots \\ a_{n1} & \cdots & a_{nj-1} & 0 & a_{nj+1} & \cdots & a_{nn} \end{vmatrix}$$

である．また，行列式の行および列に関する性質 (3) と定理 2.6 を使うと以下のような変形ができる．たとえば，以下の最初の等式は i 行と $i-1$ 行を交換し，その後 $i-1$ 行と $i-2$ 行を交換と行の交換を続けて，最後は 2 行と 1 行

を交換するというように $i-1$ 回の行の交換で得られる．

$$
\begin{vmatrix}
a_{11} & \cdots & a_{1j-1} & 0 & a_{1j+1} & \cdots & a_{1n} \\
\vdots & \ddots & \vdots & \vdots & \vdots & \ddots & \vdots \\
a_{i-11} & \cdots & a_{i-1j-1} & 0 & a_{i-1j+1} & \cdots & a_{i-1n} \\
a_{i1} & \cdots & a_{ij-1} & a_{ij} & a_{ij+1} & \cdots & a_{in} \\
a_{i+11} & \cdots & a_{i+1j-1} & 0 & a_{i+1j+1} & \cdots & a_{i+1n} \\
\vdots & \ddots & \vdots & \vdots & \vdots & \ddots & \vdots \\
a_{n1} & \cdots & a_{nj-1} & 0 & a_{nj+1} & \cdots & a_{nn}
\end{vmatrix}
$$

$$
= (-1)^{i-1}
\begin{vmatrix}
a_{i1} & \cdots & a_{ij-1} & a_{ij} & a_{ij+1} & \cdots & a_{in} \\
a_{11} & \cdots & a_{1j-1} & 0 & a_{1j+1} & \cdots & a_{1n} \\
\vdots & \ddots & \vdots & \vdots & \vdots & \ddots & \vdots \\
a_{i-11} & \cdots & a_{i-1j-1} & 0 & a_{i-1j+1} & \cdots & a_{i-1n} \\
a_{i+11} & \cdots & a_{i+1j-1} & 0 & a_{i+1j+1} & \cdots & a_{i+1n} \\
\vdots & \ddots & \vdots & \vdots & \vdots & \ddots & \vdots \\
a_{n1} & \cdots & a_{nj-1} & 0 & a_{nj+1} & \cdots & a_{nn}
\end{vmatrix}
$$

$$
= (-1)^{i-1+j-1}
\begin{vmatrix}
a_{ij} & a_{i1} & \cdots & a_{ij-1} & a_{ij+1} & \cdots & a_{in} \\
0 & a_{11} & \cdots & a_{1j-1} & a_{1j+1} & \cdots & a_{1n} \\
\vdots & \vdots & \ddots & \vdots & \vdots & \ddots & \vdots \\
0 & a_{i-11} & \cdots & a_{i-1j-1} & a_{i-1j+1} & \cdots & a_{i-1n} \\
0 & a_{i+11} & \cdots & a_{i+1j-1} & a_{i+1j+1} & \cdots & a_{i+1n} \\
\vdots & \vdots & \ddots & \vdots & \vdots & \ddots & \vdots \\
0 & a_{n1} & \cdots & a_{nj-1} & a_{nj+1} & \cdots & a_{nn}
\end{vmatrix}
$$

$$
= (-1)^{i+j} a_{ij}
\begin{vmatrix}
a_{11} & \cdots & a_{1j-1} & a_{1j+1} & \cdots & a_{1n} \\
\vdots & \ddots & \vdots & \vdots & \ddots & \vdots \\
a_{i-11} & \cdots & a_{i-1j-1} & a_{i-1j+1} & \cdots & a_{i-1n} \\
a_{i+11} & \cdots & a_{i+1j-1} & a_{i+1j+1} & \cdots & a_{i+1n} \\
\vdots & \ddots & \vdots & \vdots & \ddots & \vdots \\
a_{n1} & \cdots & a_{nj-1} & a_{nj+1} & \cdots & a_{nn}
\end{vmatrix}
= a_{ij}\Delta_{ij}.
$$

よって，

$$|A| = \sum_{i=1}^{n} a_{ij}\Delta_{ij} = a_{1j}\Delta_{1j} + a_{2j}\Delta_{2j} + \cdots + a_{nj}\Delta_{nj}$$

が成り立つ．

(2) の証明も (1) と同様で (1) の証明において，列を行に，行を列に置き換えてやればよい． (証明終)

よって，定理 2.6 および系 2.9 (4) の一般化として次のことを得る．

系 2.12

(1) すべての i, j について

$$\begin{vmatrix} a_{11} & \cdots & a_{1j-1} & 0 & a_{1j+1} & \cdots & a_{1n} \\ \vdots & \ddots & \vdots & \vdots & \vdots & \ddots & \vdots \\ a_{i-11} & \cdots & a_{i-1j-1} & 0 & a_{i-1j+1} & \cdots & a_{i-1n} \\ a_{i1} & \cdots & a_{ij-1} & a_{ij} & a_{ij+1} & \cdots & a_{in} \\ a_{i+11} & \cdots & a_{i+1j-1} & 0 & a_{i+1j+1} & \cdots & a_{i+1n} \\ \vdots & \ddots & \vdots & \vdots & \vdots & \ddots & \vdots \\ a_{n1} & \cdots & a_{nj-1} & 0 & a_{nj+1} & \cdots & a_{nn} \end{vmatrix}$$

$$= (-1)^{i+j} a_{ij} \begin{vmatrix} a_{11} & \cdots & a_{1j-1} & a_{1j+1} & \cdots & a_{1n} \\ \vdots & \ddots & \vdots & \vdots & \ddots & \vdots \\ a_{i-11} & \cdots & a_{i-1j-1} & a_{i-1j+1} & \cdots & a_{i-1n} \\ a_{i+11} & \cdots & a_{i+1j-1} & a_{i+1j+1} & \cdots & a_{i+1n} \\ \vdots & \ddots & \vdots & \vdots & \ddots & \vdots \\ a_{n1} & \cdots & a_{nj-1} & a_{nj+1} & \cdots & a_{nn} \end{vmatrix}$$

(2) すべての i, j について

$$\begin{vmatrix} a_{11} & \cdots & a_{1j-1} & a_{1j} & a_{1j+1} & \cdots & a_{1n} \\ \vdots & \ddots & \vdots & \vdots & \vdots & \ddots & \vdots \\ a_{i-11} & \cdots & a_{i-1j-1} & a_{i-1j} & a_{i-1j+1} & \cdots & a_{i-1n} \\ 0 & \cdots & 0 & a_{ij} & 0 & \cdots & 0 \\ a_{i+11} & \cdots & a_{i+1j-1} & a_{i+1j} & a_{i+1j+1} & \cdots & a_{i+1n} \\ \vdots & \ddots & \vdots & \vdots & \vdots & \ddots & \vdots \\ a_{n1} & \cdots & a_{nj-1} & a_{nj} & a_{nj+1} & \cdots & a_{nn} \end{vmatrix}$$

$$= (-1)^{i+j} a_{ij} \begin{vmatrix} a_{11} & \cdots & a_{1j-1} & a_{1j+1} & \cdots & a_{1n} \\ \vdots & \ddots & \vdots & \vdots & \ddots & \vdots \\ a_{i-11} & \cdots & a_{i-1j-1} & a_{i-1j+1} & \cdots & a_{i-1n} \\ a_{i+11} & \cdots & a_{i+1j-1} & a_{i+1j+1} & \cdots & a_{i+1n} \\ \vdots & \ddots & \vdots & \vdots & \ddots & \vdots \\ a_{n1} & \cdots & a_{nj-1} & a_{nj+1} & \cdots & a_{nn} \end{vmatrix}$$

例 2.11

行列式 $\begin{vmatrix} -1 & 0 & -3 & 2 \\ 1 & 0 & 2 & -2 \\ 5 & 3 & 8 & -7 \\ 3 & 0 & -1 & 1 \end{vmatrix}$ を計算せよ．

解． 系 2.12 (1) より

$$\begin{vmatrix} -1 & 0 & -3 & 2 \\ 1 & 0 & 2 & -2 \\ 5 & 3 & 8 & -7 \\ 3 & 0 & -1 & 1 \end{vmatrix} = (-1)^{3+2} 3 \cdot \begin{vmatrix} -1 & -3 & 2 \\ 1 & 2 & -2 \\ 3 & -1 & 1 \end{vmatrix} = -3 \cdot 7 = -21$$

行列式を計算するとき，定理 2.11 の余因子展開を使ってももちろんよいが，基本変形で容易に簡単にできる場合は，なるべく系 2.12 の形，できれば定理 2.6 および系 2.9 (4) の形にして計算するほうがよいと思われる．

例 2.12

行列式 $\begin{vmatrix} 2 & 5 & 3 & -2 \\ -1 & -3 & -3 & 2 \\ 0 & 2 & 0 & -1 \\ 2 & 3 & 1 & -1 \end{vmatrix}$ を計算せよ．

解. 2 列に 4 列の 2 倍を加えて系 2.12 (2) を使うと

$$\begin{vmatrix} 2 & 5 & 3 & -2 \\ -1 & -3 & -3 & 2 \\ 0 & 2 & 0 & -1 \\ 2 & 3 & 1 & -1 \end{vmatrix} \overset{2\text{列}+4\text{列}\times 2}{=} \begin{vmatrix} 2 & 1 & 3 & -2 \\ -1 & 1 & -3 & 2 \\ 0 & 0 & 0 & -1 \\ 2 & 1 & 1 & -1 \end{vmatrix}$$

$$= (-1)^{3+4}(-1)\cdot \begin{vmatrix} 2 & 1 & 3 \\ -1 & 1 & -3 \\ 2 & 1 & 1 \end{vmatrix} = -6$$

問 2.5 次の行列式を計算せよ.

(1) $\begin{vmatrix} 3 & -1 & 1 & 0 \\ 1 & -2 & -1 & 0 \\ 8 & -7 & 6 & 2 \\ 2 & 1 & 3 & 0 \end{vmatrix}$ (2) $\begin{vmatrix} 0 & 2 & 0 & 4 \\ 2 & 1 & -2 & 1 \\ 1 & 3 & 3 & 6 \\ -2 & -1 & 1 & -3 \end{vmatrix}$ (3) $\begin{vmatrix} 0 & a & b & c \\ a & 0 & c & b \\ b & c & 0 & a \\ c & b & a & 0 \end{vmatrix}$

(4) $\begin{vmatrix} -1 & x-1 & -3 & 2 \\ 0 & -1 & x-1 & 1 \\ x & -1 & -1 & 1 \\ -1 & -3 & -5 & x+4 \end{vmatrix}$ (5) $\begin{vmatrix} 3 & -1 & 1 & -1 & -1 \\ 0 & 0 & -2 & 0 & 6 \\ 1 & 3 & 1 & 1 & -1 \\ 1 & 1 & 0 & -1 & -1 \\ 1 & 2 & 0 & -1 & -1 \end{vmatrix}$

(6) $\begin{vmatrix} 2 & 2 & 3 & 1 & -1 \\ 3 & -1 & -2 & 0 & 2 \\ -2 & 1 & 0 & -2 & 3 \\ -3 & 0 & -2 & 3 & -2 \\ 2 & -2 & 3 & 1 & -7 \end{vmatrix}$

2.6 行列式の応用 1

この節では余因子展開の定理を逆行列および連立 1 次方程式の解の計算に応用する.

補題 2.13　$A = (a_{ij})$ を n 次行列とする．このとき

(1) すべての $i = 1, 2, \cdots, n$ およびすべての $j = 1, 2, \cdots, n$ について $i \neq j$ ならば

$$a_{1j}\Delta_{1i} + a_{2j}\Delta_{2i} + \cdots + a_{nj}\Delta_{ni} = 0$$

が成立する．

(2) すべての $i = 1, 2, \cdots, n$ およびすべての $j = 1, 2, \cdots, n$ について $i \neq j$ ならば

$$a_{i1}\Delta_{j1} + a_{i2}\Delta_{j2} + \cdots + a_{in}\Delta_{jn} = 0$$

が成立する．

証明.　$i < j$ として行列 A において i 列の成分を j 列の成分に置き換えた行列式，すなわち，

$$\begin{vmatrix} a_{11} & \cdots & a_{1j} & \cdots & a_{1j} & \cdots & a_{1n} \\ a_{21} & \cdots & a_{2j} & \cdots & a_{2j} & \cdots & a_{2n} \\ \vdots & \ddots & \vdots & \ddots & \vdots & \ddots & \vdots \\ a_{n1} & \cdots & a_{nj} & \cdots & a_{nj} & \cdots & a_{nn} \end{vmatrix}$$

を考える．このとき i 列に j 列の -1 倍を加えると

$$\begin{vmatrix} a_{11} & \cdots & a_{1j} & \cdots & a_{1j} & \cdots & a_{1n} \\ a_{21} & \cdots & a_{2j} & \cdots & a_{2j} & \cdots & a_{2n} \\ \vdots & \ddots & \vdots & \ddots & \vdots & \ddots & \vdots \\ a_{n1} & \cdots & a_{nj} & \cdots & a_{nj} & \cdots & a_{nn} \end{vmatrix}$$

$$= \begin{vmatrix} a_{11} & \cdots & 0 & \cdots & a_{1j} & \cdots & a_{1n} \\ a_{21} & \cdots & 0 & \cdots & a_{2j} & \cdots & a_{2n} \\ \vdots & \ddots & \vdots & \ddots & \vdots & \ddots & \vdots \\ a_{n1} & \cdots & 0 & \cdots & a_{nj} & \cdots & a_{nn} \end{vmatrix} = 0$$

である．また，この行列式に定理 2.11 (1) の i 列による展開を用いると

$$\begin{vmatrix} a_{11} & \cdots & a_{1j} & \cdots & a_{1j} & \cdots & a_{1n} \\ a_{21} & \cdots & a_{2j} & \cdots & a_{2j} & \cdots & a_{2n} \\ \vdots & \ddots & \vdots & \ddots & \vdots & \ddots & \vdots \\ a_{n1} & \cdots & a_{nj} & \cdots & a_{nj} & \cdots & a_{nn} \end{vmatrix} = a_{1j}\Delta_{1i} + a_{2j}\Delta_{2i} + \cdots + a_{nj}\Delta_{ni}$$

であるから (1) は証明されたことになる．

(2) についても (1) の証明と同様にして定理 2.11 (2) を用いれば証明される．　(証明終)

定義 2.14　n 次行列 A に対して，その余因子 Δ_{ij} $(i = 1, \cdots, n;\ j = 1, \cdots, n)$ を成分とする n 次行列

$$\begin{pmatrix} \Delta_{11} & \Delta_{12} & \cdots & \Delta_{1n} \\ \Delta_{21} & \Delta_{22} & \cdots & \Delta_{2n} \\ \vdots & \vdots & \ddots & \vdots \\ \Delta_{n1} & \Delta_{n2} & \cdots & \Delta_{nn} \end{pmatrix}$$

の転置行列

$$\begin{pmatrix} \Delta_{11} & \Delta_{21} & \cdots & \Delta_{n1} \\ \Delta_{12} & \Delta_{22} & \cdots & \Delta_{n2} \\ \vdots & \vdots & \ddots & \vdots \\ \Delta_{1n} & \Delta_{2n} & \cdots & \Delta_{nn} \end{pmatrix}$$

を A の**余因子行列**と呼び，$\widetilde{A}$ と表す．

定理 2.11 と補題 2.13 を使うと逆行列を余因子行列を使って表すことができる．

定理 2.15　n 次行列 A に対して，次は同値である．

(1)　A は正則行列である．

(2)　A の行列式が 0 でない，すなわち，$|A| \neq 0$.

このとき，その逆行列は

$$A^{-1} = \frac{1}{|A|}\widetilde{A}$$

と表される．

証明. (1) ならば (2) については，付録の命題 2.24 で証明されている．逆に，$|A| \neq 0$ とする．いま，A の余因子行列 $\widetilde{A}$ と行列 $A = (a_{ij})$ との積

$$\begin{pmatrix} \Delta_{11} & \Delta_{21} & \cdots & \Delta_{n1} \\ \vdots & \vdots & \ddots & \vdots \\ \Delta_{1i} & \Delta_{2i} & \cdots & \Delta_{ni} \\ \vdots & \vdots & \ddots & \vdots \\ \Delta_{1n} & \Delta_{2n} & \cdots & \Delta_{nn} \end{pmatrix} \begin{pmatrix} a_{11} & \cdots & a_{1j} & \cdots & a_{1n} \\ a_{21} & \cdots & a_{2j} & \cdots & a_{2n} \\ \vdots & \ddots & \vdots & \ddots & \vdots \\ a_{n1} & \cdots & a_{nj} & \cdots & a_{nn} \end{pmatrix}$$

の (i,j) 成分は

$$\Delta_{1i}a_{1j} + \Delta_{2i}a_{2j} + \cdots + \Delta_{ni}a_{nj}$$

であるので定理 2.11(1) より対角成分の (j,j) 成分は $|A|$ となり，補題 2.13 (1) より対角成分以外の (i,j) 成分，$i \neq j$, は 0 である．よって，この積は

$$\begin{pmatrix} |A| & 0 & \cdots & 0 \\ 0 & |A| & \cdots & 0 \\ \vdots & \vdots & \ddots & \vdots \\ 0 & 0 & \cdots & |A| \end{pmatrix} = |A| \cdot E_n$$

となる．同様にして定理 2.11 (2) および補題 2.13 (2) より

$$\begin{pmatrix} a_{11} & a_{12} & \cdots & a_{1n} \\ \vdots & \vdots & \ddots & \vdots \\ a_{i1} & a_{i2} & \cdots & a_{in} \\ \vdots & \vdots & \ddots & \vdots \\ a_{n1} & a_{n2} & \cdots & a_{nn} \end{pmatrix} \begin{pmatrix} \Delta_{11} & \cdots & \Delta_{j1} & \cdots & \Delta_{n1} \\ \Delta_{12} & \cdots & \Delta_{j2} & \cdots & \Delta_{n2} \\ \vdots & \ddots & \vdots & \ddots & \vdots \\ \Delta_{1n} & \cdots & \Delta_{jn} & \cdots & \Delta_{nn} \end{pmatrix} = |A| \cdot E_n$$

になる．ところで，$|A| \neq 0$ だから A の逆行列は余因子行列 $\widetilde{A}$ を行列式 $|A|$ で割ったものになることがわかる．　(証明終)

この定理 2.15 を使うと定義 1.7 の後で述べた次のことが証明できる．

系 2.16　n 次行列 A に対して $AX = E_n$ または $XA = E_n$ となる n 次行列 X が存在するならば A は正則行列で，$A^{-1} = X$ である．

証明　$AX = E_n$ となる n 次行列 X が存在したとすると，付録の定理 2.25 より

$$|A| \cdot |X| = |AX| = |E_n| = 1$$

となり，$|A| \neq 0$ である．よって，定理 2.15 より，A は正則行列になる．また，$AX = E_n$ の両辺に左側から A の逆行列 A^{-1} を掛けると $X = A^{-1}$ を得る．$XA = E_n$ となる n 次行列 X が存在した場合も同様である．(証明終)

例 2.13

3 次行列 $A = \begin{pmatrix} -1 & 1 & 1 \\ 1 & 2 & 1 \\ 0 & 1 & 3 \end{pmatrix}$ の逆行列を求めよ．

解．　余因子行列 $\widetilde{A}$ を計算して求める．そのために，まず A の行列式を計算してみると

$$\begin{vmatrix} -1 & 1 & 1 \\ 1 & 2 & 1 \\ 0 & 1 & 3 \end{vmatrix} = -6 + 1 - 3 + 1 = -7 \neq 0$$

である．よって，A は正則行列で逆行列が存在する．次に余因子を計算してみると

$$\Delta_{11} = (-1)^{1+1} \begin{vmatrix} 2 & 1 \\ 1 & 3 \end{vmatrix} = 5, \qquad \Delta_{21} = (-1)^{2+1} \begin{vmatrix} 1 & 1 \\ 1 & 3 \end{vmatrix} = -2,$$

$$\Delta_{31} = (-1)^{3+1} \begin{vmatrix} 1 & 1 \\ 2 & 1 \end{vmatrix} = -1, \qquad \Delta_{12} = (-1)^{1+2} \begin{vmatrix} 1 & 1 \\ 0 & 3 \end{vmatrix} = -3,$$

$$\Delta_{22} = (-1)^{2+2} \begin{vmatrix} -1 & 1 \\ 0 & 3 \end{vmatrix} = -3, \qquad \Delta_{32} = (-1)^{3+2} \begin{vmatrix} -1 & 1 \\ 1 & 1 \end{vmatrix} = 2,$$

$$\Delta_{13} = (-1)^{1+3}\begin{vmatrix} 1 & 2 \\ 0 & 1 \end{vmatrix} = 1, \qquad \Delta_{23} = (-1)^{2+3}\begin{vmatrix} -1 & 1 \\ 0 & 1 \end{vmatrix} = 1,$$

$$\Delta_{33} = (-1)^{3+3}\begin{vmatrix} -1 & 1 \\ 1 & 2 \end{vmatrix} = -3$$

よって

$$A^{-1} = \frac{\widetilde{A}}{|A|} = \frac{1}{-7}\begin{pmatrix} 5 & -2 & -1 \\ -3 & -3 & 2 \\ 1 & 1 & -3 \end{pmatrix} = \begin{pmatrix} -\frac{5}{7} & \frac{2}{7} & \frac{1}{7} \\ \frac{3}{7} & \frac{3}{7} & -\frac{2}{7} \\ -\frac{1}{7} & -\frac{1}{7} & \frac{3}{7} \end{pmatrix}$$

である．

上記の逆行列を計算する方法は公式に代入するという意味では簡単かもしれない．しかし，4 次の逆行列の計算に適用するとなると 4 次の行列式を 1 回，3 次の行列式を 16 回計算する必要があり，かなりたいへんである．この方法が役に立つのは一般に，2 次の行列の逆行列の計算，そして 3 次の行列でその行列式が 1 でもなく -1 でもないときの逆行列の計算であると思われる．

問 2.6　次の行列の逆行列を求めよ．

(1) $\begin{pmatrix} -1 & 1 & 1 \\ 1 & 2 & 1 \\ -6 & 1 & 3 \end{pmatrix}$　(2) $\begin{pmatrix} 2 & 1 & 1 \\ -1 & 2 & -1 \\ 3 & 1 & 3 \end{pmatrix}$

(3) $\begin{pmatrix} a & -1 & a \\ 1 & 2 & -1 \\ 2 & -3 & -2 \end{pmatrix}$，ただし a は 0 でない定数．

次に特別な連立 1 次方程式，しかし応用上よく出てくる連立 1 次方程式の解を行列式で表すことを考えてみる．

定理 2.17 (クラメルの公式) 未知数の個数と方程式の個数が等しい連立 1 次方程式

$$
(1)\ \begin{cases} a_{11}x_1 + a_{12}x_2 + \cdots + a_{1n}x_n = b_1 \\ a_{21}x_1 + a_{22}x_2 + \cdots + a_{2n}x_n = b_2 \\ \qquad\qquad\qquad\qquad\qquad\qquad \vdots \\ a_{n1}x_1 + a_{n2}x_2 + \cdots + a_{nn}x_n = b_n \end{cases}
$$

を考え，その係数行列の行列式が 0 でない，すなわち

$$
\begin{vmatrix} a_{11} & a_{12} & \cdots & a_{1n} \\ a_{21} & a_{22} & \cdots & a_{2n} \\ \vdots & \vdots & \ddots & \vdots \\ a_{n1} & a_{n2} & \cdots & a_{nn} \end{vmatrix} \neq 0
$$

を仮定する．このとき，この連立 1 次方程式の解は唯一組で，それは行列式を使って

$$
x_i = \frac{\begin{vmatrix} a_{11} & \cdots & a_{1i-1} & b_1 & a_{1i+1} & \cdots & a_{1n} \\ a_{21} & \cdots & a_{2i-1} & b_2 & a_{2i+1} & \cdots & a_{2n} \\ \vdots & \ddots & \vdots & \vdots & \vdots & \ddots & \vdots \\ a_{n1} & \cdots & a_{ni-1} & b_n & a_{ni+1} & \cdots & a_{nn} \end{vmatrix}}{\begin{vmatrix} a_{11} & a_{12} & \cdots & a_{1n} \\ a_{21} & a_{22} & \cdots & a_{2n} \\ \vdots & \vdots & \ddots & \vdots \\ a_{n1} & a_{n2} & \cdots & a_{nn} \end{vmatrix}},
$$

$i = 1, 2, \cdots, n$ と表せる．

証明． (1) の係数行列を A とする，すなわち

$$
A = \begin{pmatrix} a_{11} & a_{12} & \cdots & a_{1n} \\ a_{21} & a_{22} & \cdots & a_{2n} \\ \vdots & \vdots & \ddots & \vdots \\ a_{n1} & a_{n2} & \cdots & a_{nn} \end{pmatrix}
$$

として，連立1次方程式 (1) を行列で表すと

$$A\begin{pmatrix} x_1 \\ x_2 \\ \vdots \\ x_n \end{pmatrix} = \begin{pmatrix} b_1 \\ b_2 \\ \vdots \\ b_n \end{pmatrix}$$

である．いま，仮定より $|A| \neq 0$ であるから，A の逆行列 A^{-1} を上記の両辺に左側から掛けると，定理 2.15 より

$$\begin{pmatrix} x_1 \\ x_2 \\ \vdots \\ x_n \end{pmatrix} = A^{-1}\begin{pmatrix} b_1 \\ b_2 \\ \vdots \\ b_n \end{pmatrix} = \frac{1}{|A|}\begin{pmatrix} \varDelta_{11} & \varDelta_{21} & \cdots & \varDelta_{n1} \\ \vdots & \vdots & \ddots & \vdots \\ \varDelta_{1i} & \varDelta_{2i} & \cdots & \varDelta_{ni} \\ \vdots & \vdots & \ddots & \vdots \\ \varDelta_{1n} & \varDelta_{2n} & \cdots & \varDelta_{nn} \end{pmatrix}\begin{pmatrix} b_1 \\ b_2 \\ \vdots \\ b_n \end{pmatrix}$$

となる．よって，すべての $i = 1, 2, \cdots, n$ について

$$x_i = \frac{1}{|A|}(b_1\varDelta_{1i} + b_2\varDelta_{2i} + \cdots + b_n\varDelta_{ni})$$

である．この左辺に定理 2.11 (1) の i 列による展開を用いる，すなわち，$a_{1i} = b_1, a_{2i} = b_2, \cdots, a_{ni} = b_n$ とすると

$$x_i = \frac{1}{|A|}\begin{vmatrix} a_{11} & \cdots & a_{1i-1} & b_1 & a_{1i+1} & \cdots & a_{1n} \\ a_{21} & \cdots & a_{2i-1} & b_2 & a_{2i+1} & \cdots & a_{2n} \\ \vdots & \ddots & \vdots & \vdots & \vdots & \ddots & \vdots \\ a_{n1} & \cdots & a_{ni-1} & b_n & a_{ni+1} & \cdots & a_{nn} \end{vmatrix}$$

となる．　(証明終)

例 2.14　連立1次方程式

$$\begin{cases} 2x_1 - x_2 + 3x_3 = 2 \\ 3x_1 + 2x_2 - 3x_3 = -1 \\ 4x_1 - 2x_2 + x_3 = 3 \end{cases}$$

を解け．

解.　係数行列の行列式は

$$\begin{vmatrix} 2 & -1 & 3 \\ 3 & 2 & -3 \\ 4 & -2 & 1 \end{vmatrix} = 4 + 12 - 18 - 24 + 3 - 12 = -35 \neq 0$$

だから，クラメルの公式が使える．よって

$$x_1 = \frac{1}{-35}\begin{vmatrix} 2 & -1 & 3 \\ -1 & 2 & -3 \\ 3 & -2 & 1 \end{vmatrix} = \frac{12}{35},$$

$$x_2 = \frac{1}{-35}\begin{vmatrix} 2 & 2 & 3 \\ 3 & -1 & -3 \\ 4 & 3 & 1 \end{vmatrix} = -\frac{25}{35} = -\frac{5}{7},$$

$$x_3 = \frac{1}{-35}\begin{vmatrix} 2 & -1 & 2 \\ 3 & 2 & -1 \\ 4 & -2 & 3 \end{vmatrix} = \frac{7}{35} = \frac{1}{5}.$$

問 2.7　次の連立 1 次方程式を解け．

(1) $\begin{cases} 2x - 3y = 4 \\ 5x - 6y = -7 \end{cases}$　　(2) $\begin{cases} ax - 2y = -a^2 \\ 2x + ay = 2a + a^3 \end{cases}$, a は実数の定数．

(3) $\begin{cases} 3x_1 + x_2 - 2x_3 = 1 \\ 2x_1 + x_2 - 3x_3 = 2 \\ 4x_1 - 3x_2 - x_3 = -3 \end{cases}$　　(4) $\begin{cases} 2x + 2y + z = 3 \\ 4x + 5y + 2z = 7 \\ 3x + 4y + z = 7 \end{cases}$

(5) $\begin{cases} x_1 - x_2 + x_3 = 2 \\ -ax_1 + ax_2 + ax_3 = 1 \\ a^2x_1 + a^2x_2 - a^2x_3 = -1 \end{cases}$, a は 0 でない定数．

2.7　行列式の応用 2

この節では，空間内のベクトルの外積について簡単に触れておくことにする．

定義 2.18

2つの空間内のベクトル $\boldsymbol{a} = \begin{pmatrix} a_1 \\ a_2 \\ a_3 \end{pmatrix}, \boldsymbol{b} = \begin{pmatrix} b_1 \\ b_2 \\ b_3 \end{pmatrix}$ に対して $\boldsymbol{a}$ と $\boldsymbol{b}$ との**ベクトル積**または**外積**を

$$\boldsymbol{a} \wedge \boldsymbol{b} = \begin{pmatrix} \begin{vmatrix} a_2 & b_2 \\ a_3 & b_3 \end{vmatrix} \\ \begin{vmatrix} a_3 & b_3 \\ a_1 & b_1 \end{vmatrix} \\ \begin{vmatrix} a_1 & b_1 \\ a_2 & b_2 \end{vmatrix} \end{pmatrix}$$

で定義する．

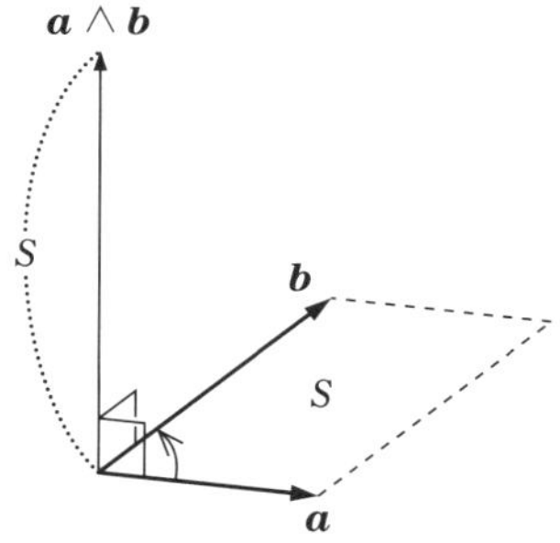

図 2.3　$\boldsymbol{a}$ と $\boldsymbol{b}$ との外積 $\boldsymbol{a} \wedge \boldsymbol{b}$

ところで証明は省略するが，図形的にはベクトル $\boldsymbol{a} \wedge \boldsymbol{b}$ はベクトル $\boldsymbol{a}$ およびベクトル $\boldsymbol{b}$ に直交していて，長さが4点 $\boldsymbol{0}, \boldsymbol{a}, \boldsymbol{a}+\boldsymbol{b}, \boldsymbol{b}$ から作られる平行四辺形の面積 S に等しい．また，$\boldsymbol{a} \wedge \boldsymbol{b}$ の向きはベクトル $\boldsymbol{a}$ をベクトル $\boldsymbol{b}$ に 180° 以内の回転で重ねたときの右ネジの進む向きである．

ただし，直交することに関しては第3章の例 3.14 で示すことにする．

いま，$\boldsymbol{e}_1 = \begin{pmatrix} 1 \\ 0 \\ 0 \end{pmatrix}, \boldsymbol{e}_2 = \begin{pmatrix} 0 \\ 1 \\ 0 \end{pmatrix}, \boldsymbol{e}_3 = \begin{pmatrix} 0 \\ 0 \\ 1 \end{pmatrix}$ とすると

$$\boldsymbol{a} \wedge \boldsymbol{b} = \begin{vmatrix} a_2 & b_2 \\ a_3 & b_3 \end{vmatrix} \boldsymbol{e}_1 + \begin{vmatrix} a_3 & b_3 \\ a_1 & b_1 \end{vmatrix} \boldsymbol{e}_2 + \begin{vmatrix} a_1 & b_1 \\ a_2 & b_2 \end{vmatrix} \boldsymbol{e}_3$$

である．よって，$\boldsymbol{e}_1, \boldsymbol{e}_2, \boldsymbol{e}_3$ を文字のように考えると余因子展開の公式より

$$\boldsymbol{a} \wedge \boldsymbol{b} = \begin{vmatrix} \boldsymbol{e}_1 & a_1 & b_1 \\ \boldsymbol{e}_2 & a_2 & b_2 \\ \boldsymbol{e}_3 & a_3 & b_3 \end{vmatrix}$$

と表される．

命題 2.19 外積は次のような性質をもつ．

(1) $\boldsymbol{a} \wedge \boldsymbol{a} = \boldsymbol{0}$, ただし $\boldsymbol{0} = \begin{pmatrix} 0 \\ 0 \\ 0 \end{pmatrix}$ である．

(2) $\boldsymbol{b} \wedge \boldsymbol{a} = -\boldsymbol{a} \wedge \boldsymbol{b}$

(3) $\boldsymbol{a} \wedge (\boldsymbol{b}_1 + \boldsymbol{b}_2) = \boldsymbol{a} \wedge \boldsymbol{b}_1 + \boldsymbol{a} \wedge \boldsymbol{b}_2$, $(\boldsymbol{a}_1 + \boldsymbol{a}_2) \wedge \boldsymbol{b} = \boldsymbol{a}_1 \wedge \boldsymbol{b} + \boldsymbol{a}_2 \wedge \boldsymbol{b}$

(4) $(c\boldsymbol{a}) \wedge \boldsymbol{b} = c(\boldsymbol{a} \wedge \boldsymbol{b}) = \boldsymbol{a} \wedge (c\boldsymbol{b})$, ただし c はスカラー．

証明.

(1) $\boldsymbol{a} = \begin{pmatrix} a_1 \\ a_2 \\ a_3 \end{pmatrix}$ とすると

$$\boldsymbol{a} \wedge \boldsymbol{a} = \begin{pmatrix} \begin{vmatrix} a_2 & a_2 \\ a_3 & a_3 \end{vmatrix} \\ \begin{vmatrix} a_3 & a_3 \\ a_1 & a_1 \end{vmatrix} \\ \begin{vmatrix} a_1 & a_1 \\ a_2 & a_2 \end{vmatrix} \end{pmatrix} = \begin{pmatrix} 0 \\ 0 \\ 0 \end{pmatrix} = \boldsymbol{0}$$

である．

(2)　$\boldsymbol{b} = \begin{pmatrix} b_1 \\ b_2 \\ b_3 \end{pmatrix}$ とする．行列式で表して，行列式の列に関する性質を使うと

$$\boldsymbol{a} \wedge \boldsymbol{b} = \begin{vmatrix} \boldsymbol{e}_1 & a_1 & b_1 \\ \boldsymbol{e}_2 & a_2 & b_2 \\ \boldsymbol{e}_3 & a_3 & b_3 \end{vmatrix} = - \begin{vmatrix} \boldsymbol{e}_1 & b_1 & a_1 \\ \boldsymbol{e}_2 & b_2 & a_2 \\ \boldsymbol{e}_3 & b_3 & a_3 \end{vmatrix} = -\boldsymbol{b} \wedge \boldsymbol{a}$$

を得る．

(3)　$\boldsymbol{b}_i = \begin{pmatrix} b_{1i} \\ b_{2i} \\ b_{3i} \end{pmatrix}$, $i = 1, 2$ とする．行列式で表して行列式の列に関する加法性を使うと

$$\begin{aligned} \boldsymbol{a} \wedge (\boldsymbol{b}_1 + \boldsymbol{b}_2) &= \begin{vmatrix} \boldsymbol{e}_1 & a_1 & b_{11} + b_{12} \\ \boldsymbol{e}_2 & a_2 & b_{21} + b_{22} \\ \boldsymbol{e}_3 & a_3 & b_{31} + b_{32} \end{vmatrix} \\ &= \begin{vmatrix} \boldsymbol{e}_1 & a_1 & b_{11} \\ \boldsymbol{e}_2 & a_2 & b_{21} \\ \boldsymbol{e}_3 & a_3 & b_{31} \end{vmatrix} + \begin{vmatrix} \boldsymbol{e}_1 & a_1 & b_{12} \\ \boldsymbol{e}_2 & a_2 & b_{22} \\ \boldsymbol{e}_3 & a_3 & b_{32} \end{vmatrix} = \boldsymbol{a} \wedge \boldsymbol{b}_1 + \boldsymbol{a} \wedge \boldsymbol{b}_2 \end{aligned}$$

である．また，(2) およびいま証明したことを使うと

$$\begin{aligned} (\boldsymbol{a}_1 + \boldsymbol{a}_2) \wedge \boldsymbol{b} &= -\boldsymbol{b} \wedge (\boldsymbol{a}_1 + \boldsymbol{a}_2) \\ &= -\boldsymbol{b} \wedge \boldsymbol{a}_1 - \boldsymbol{b} \wedge \boldsymbol{a}_2 = \boldsymbol{a}_1 \wedge \boldsymbol{b} + \boldsymbol{a}_2 \wedge \boldsymbol{b} \end{aligned}$$

となる．

(4)　行列式で表して行列式の性質を使うと

$$(c\boldsymbol{a}) \wedge \boldsymbol{b} = \begin{vmatrix} \boldsymbol{e}_1 & ca_1 & b_1 \\ \boldsymbol{e}_2 & ca_2 & b_2 \\ \boldsymbol{e}_3 & ca_3 & b_3 \end{vmatrix} = c \begin{vmatrix} \boldsymbol{e}_1 & a_1 & b_1 \\ \boldsymbol{e}_2 & a_2 & b_2 \\ \boldsymbol{e}_3 & a_3 & b_3 \end{vmatrix} = c(\boldsymbol{a} \wedge \boldsymbol{b})$$

となる．

$$\boldsymbol{a} \wedge (c\boldsymbol{b}) = c(\boldsymbol{a} \wedge \boldsymbol{b})$$

も同様である．　(証明終)

例 2.15　$\boldsymbol{e}_1, \boldsymbol{e}_2, \boldsymbol{e}_3$ に対して

$$\begin{aligned}
\boldsymbol{e}_1 \wedge \boldsymbol{e}_2 &= \begin{vmatrix} \boldsymbol{e}_1 & 1 & 0 \\ \boldsymbol{e}_2 & 0 & 1 \\ \boldsymbol{e}_3 & 0 & 0 \end{vmatrix} \\
&= \begin{vmatrix} 0 & 1 \\ 0 & 0 \end{vmatrix} \boldsymbol{e}_1 - \begin{vmatrix} 1 & 0 \\ 0 & 0 \end{vmatrix} \boldsymbol{e}_2 + \begin{vmatrix} 1 & 0 \\ 0 & 1 \end{vmatrix} \boldsymbol{e}_3 = \boldsymbol{e}_3, \\
\boldsymbol{e}_2 \wedge \boldsymbol{e}_3 &= \begin{vmatrix} \boldsymbol{e}_1 & 0 & 0 \\ \boldsymbol{e}_2 & 1 & 0 \\ \boldsymbol{e}_3 & 0 & 1 \end{vmatrix} \\
&= \begin{vmatrix} 1 & 0 \\ 0 & 1 \end{vmatrix} \boldsymbol{e}_1 - \begin{vmatrix} 0 & 0 \\ 0 & 1 \end{vmatrix} \boldsymbol{e}_2 + \begin{vmatrix} 0 & 0 \\ 1 & 0 \end{vmatrix} \boldsymbol{e}_3 = \boldsymbol{e}_1, \\
\boldsymbol{e}_3 \wedge \boldsymbol{e}_1 &= \begin{vmatrix} \boldsymbol{e}_1 & 0 & 1 \\ \boldsymbol{e}_2 & 0 & 0 \\ \boldsymbol{e}_3 & 1 & 0 \end{vmatrix} \\
&= \begin{vmatrix} 0 & 0 \\ 1 & 0 \end{vmatrix} \boldsymbol{e}_1 - \begin{vmatrix} 0 & 1 \\ 1 & 0 \end{vmatrix} \boldsymbol{e}_2 + \begin{vmatrix} 0 & 1 \\ 0 & 0 \end{vmatrix} \boldsymbol{e}_3 = \boldsymbol{e}_2
\end{aligned}$$

である.

例 2.16

$\boldsymbol{a} = \begin{pmatrix} 2 \\ 3 \\ 4 \end{pmatrix}$ と $\boldsymbol{b} = \begin{pmatrix} 1 \\ 2 \\ 3 \end{pmatrix}$ の外積 $\boldsymbol{a} \wedge \boldsymbol{b}$ を求めよ.

解.　行列式で計算して

$$\boldsymbol{a} \wedge \boldsymbol{b} = \begin{vmatrix} \boldsymbol{e}_1 & 2 & 1 \\ \boldsymbol{e}_2 & 3 & 2 \\ \boldsymbol{e}_3 & 4 & 3 \end{vmatrix} = \begin{vmatrix} 3 & 2 \\ 4 & 3 \end{vmatrix} \boldsymbol{e}_1 - \begin{vmatrix} 2 & 1 \\ 4 & 3 \end{vmatrix} \boldsymbol{e}_2 + \begin{vmatrix} 2 & 1 \\ 3 & 2 \end{vmatrix} \boldsymbol{e}_3$$

$$= \boldsymbol{e}_1 - 2\boldsymbol{e}_2 + \boldsymbol{e}_3 = \begin{pmatrix} 1 \\ -2 \\ 1 \end{pmatrix}$$

である．

問 2.8　次の $\boldsymbol{a}$ と $\boldsymbol{b}$ の外積 $\boldsymbol{a} \wedge \boldsymbol{b}$ を求めよ．

(1) $\boldsymbol{a} = \begin{pmatrix} 0 \\ 1 \\ -1 \end{pmatrix}, \boldsymbol{b} = \begin{pmatrix} -1 \\ 0 \\ 1 \end{pmatrix}$　　(2) $\boldsymbol{a} = \begin{pmatrix} -2 \\ 3 \\ -5 \end{pmatrix}, \boldsymbol{b} = \begin{pmatrix} -5 \\ -2 \\ -1 \end{pmatrix}$

(3) $\boldsymbol{a} = \begin{pmatrix} s+t \\ 2s+2t \\ -2s-2t \end{pmatrix}, \boldsymbol{b} = \begin{pmatrix} s-t \\ -s+t \\ s+2t \end{pmatrix}$，ここで s, t は定数．

外積を使って平面の方程式を求めることができる．

命題 2.20　xyz 空間内の同一直線上にない 3 点 A, B, C がある．ベクトル $\overrightarrow{\mathrm{AB}}$ と $\overrightarrow{\mathrm{AC}}$ との外積を $\overrightarrow{\mathrm{AB}} \wedge \overrightarrow{\mathrm{AC}} = \begin{pmatrix} \alpha \\ \beta \\ \gamma \end{pmatrix}$ とすると 3 点 A, B, C を通る xyz 空間内の平面の方程式は

$$\alpha(x - a_1) + \beta(y - a_2) + \gamma(z - a_3) = 0$$

である．ただし，点 A の座標を (a_1, a_2, a_3) とする．

証明. 3 点 A, B, C を通る平面の上にある点 $\mathrm{P} = (x, y, z)$ をとる．このとき，ベクトル $\overrightarrow{\mathrm{AP}}$ は，2 つのベクトル $\overrightarrow{\mathrm{AB}}$ と $\overrightarrow{\mathrm{AC}}$ との外積 $\overrightarrow{\mathrm{AB}} \wedge \overrightarrow{\mathrm{AC}}$ に直交するので，上記の方程式が得られる．　(証明終)

例 2.17　xyz 空間内の 3 点 $\mathrm{A} = (1, -3, -1)$, $\mathrm{B} = (1, 3, 0)$, $\mathrm{C} = (-1, -2, 2)$ を通る平面の方程式を求めよ．

解.　$\overrightarrow{\mathrm{AB}} = \begin{pmatrix} 0 \\ 6 \\ 1 \end{pmatrix}$ と $\overrightarrow{\mathrm{AC}} = \begin{pmatrix} -2 \\ 1 \\ 3 \end{pmatrix}$ であるので

$$\overrightarrow{\mathrm{AB}} \wedge \overrightarrow{\mathrm{AC}} = \begin{pmatrix} \begin{vmatrix} 6 & 1 \\ 1 & 3 \end{vmatrix} \\ \begin{vmatrix} 1 & 3 \\ 0 & -2 \end{vmatrix} \\ \begin{vmatrix} 0 & -2 \\ 6 & 1 \end{vmatrix} \end{pmatrix} = \begin{pmatrix} 17 \\ -2 \\ 12 \end{pmatrix}$$

となる．よって，命題 2.20 より平面の方程式は

$$17(x-1) - 2(y+3) + 12(z+1) = 0$$

となり，整理すると $17x - 2y + 12z = 11$ である．

問 2.9 次の 3 点 A, B, C を通る平面の方程式を求めよ．

(1) $\mathrm{A} = (1, -2, -1)$, $\mathrm{B} = (1, 2, 0)$, $\mathrm{C} = (-2, -1, 3)$

(2) $\mathrm{A} = (2, -2, 3)$, $\mathrm{B} = (-3, -3, 4)$, $\mathrm{C} = (3, 1, -1)$

2.8 付録

この節では 最初に定理 2.8 の証明を与える．次に **2.3** で述べた n 次行列に対して定義 2.5 の性質 1, 2, 3, 4 を満たす値の具体的構成方法およびそれを用いて **2.5** で仮定した行列式の行および列に関する加法性について証明する．

補題 2.21

(1) A を (m,n) 行列としたとき ${}^t({}^tA) = A$ である．

(2) A, B を (m,n) 行列としたとき ${}^t(A+B) = {}^tA + {}^tB$ である．

(3) A を (m,n) 行列，B を (n,l) 行列としたとき ${}^t(AB) = {}^tB\,{}^tA$ である．

証明． (1), (2) についての証明は読者にまかせる．(3) についての証明を以下に与える．$A = (a_{ik})$, $B = (b_{ki})$ とすると積 AB の (p,q) 成分は $\displaystyle\sum_{k=1}^{n} a_{pk}b_{kq}$ である．よって ${}^t(AB)$ の (q,p) 成分は $\displaystyle\sum_{k=1}^{n} a_{pk}b_{kq}$ になる．また，${}^tB$ の第 q

行の行ベクトルは $(b_{1q}b_{2q}\cdots b_{nq})$ で，${}^tA$ の第 p 列の列ベクトルは $\begin{pmatrix} a_{p1} \\ a_{p2} \\ \vdots \\ a_{pn} \end{pmatrix}$

だから積 ${}^tB\,{}^tA$ の (q,p) 成分は $\displaystyle\sum_{k=1}^{n} b_{kq}a_{pk} = \sum_{k=1}^{n} a_{pk}b_{kq}$ である．よって ${}^t(AB) = {}^tB\,{}^tA$ が証明されたことになる．　(証明終)

命題 2.22　n 次行列 A が正則行列なら，${}^tA$ も正則行列で，その逆行列は $({}^tA)^{-1} = {}^t(A^{-1})$ である．

証明.　補題 2.21 (3) より

$$
{}^t(A^{-1})\,{}^tA = {}^t(AA^{-1}) = {}^tE_n = E_n \text{ かつ}
$$

$$
{}^tA\,{}^t(A^{-1}) = {}^t(A^{-1}A) = {}^tE_n = E_n
$$

だから ${}^tA$ は正則行列で $({}^tA)^{-1} = {}^t(A^{-1})$ である．　(証明終)

補題 2.23　A を n 次行列，F を n 次基本行列としたとき，

$$
|FA| = |F| \cdot |A|
$$

が成立する．

証明.　基本行列には3つのタイプがあるのでそれぞれの場合に証明する．$F = M_n(i;c)$ のときは FA は A の i 行を c 倍した行列だから $|FA| = c|A|$ である．また，$M_n(i;c)$ も E_n の i 行を c 倍した行列だから

$$
|F| = |M_n(i;c)| = c|E_n| = c
$$

である．よって $|FA| = |F| \cdot |A|$ である．

$F = A_n(i,j;c)$ のときは FA は A の i 行に j 行の c 倍を加えた行列であるので，行列式の値は変わらないから $|FA| = |A|$ である．また，$A_n(i,j;c)$

も E_n の i 行に j 行の c 倍を 加えた行列だから

$$|F| = |A_n(i,j;c)| = |E_n| = 1$$

である．よって，$|FA| = |F| \cdot |A|$ である．

最後に，$F = P_n(i,j)$ のときは FA は A の i 行と j 行を交換した行列であるので，行列式の符号が変わるから $|FA| = -|A|$ である．また，$P_n(i,j)$ も E_n の i 行と j 行を交換した行列であるので

$$|F| = |P_n(i,j)| = -|E_n| = -1$$

である．よって，$|FA| = |F| \cdot |A|$ である． (証明終)

この行列式の性質を使うと，次のことがわかる．

命題 2.24 n 次行列 A が正則なら，$|A| \neq 0$ である．

証明 A が正則なら，系 1.15 より A は基本行列の積である．よって A の行列式 $|A|$ は補題 2.23 より，基本行列の行列式の積である．ところで，補題 2.23 の証明より基本行列の行列式は 0 でないから $|A| \neq 0$ を得る． (証明終)

定理 2.25 A, B を n 次行列としたとき

$$|AB| = |A| \cdot |B|$$

である．

証明 A が正則行列なら系 1.15 と補題 2.23 を使えばよい．A が正則行列でないときは，定理 1.10 および 定理 1.14 によって行基本変形で A を第 n 行の成分がすべて 0 である行列に変形できる．この行列の行列式は 0 であるので補題 2.23 によって $|A| = 0$ かつ $|AB| = 0$ となり，$|AB| = |A| \cdot |B|$ が成立する．詳しい証明は読者にまかせる． (証明終)

さて，転置行列の行列式について調べてみよう．

補題 2.26　F を基本行列としたとき，$|{}^tF| = |F|$ が成立する．

証明．　$F = M_n(i;c)$ または $F = P_n(i,j)$ のときは，${}^tF = F$ であるから $|{}^tF| = |F|$ である．$F = A_n(i,j;c)$ のときも

$$ {}^tF = {}^tA_n(i,j;c) = A_n(j,i;c) $$

だから

$$ |{}^tF| = |A_n(j,i;c)| = 1 = |A_n(i,j;c)| = |F| $$

である．　(証明終)

定理 2.8 の証明．　最初に A を正則行列とすると系 1.15 より

$$ A = F_m \cdots F_2 F_1, $$

ここで $F_1, F_2, \cdots, F_m$ は基本行列である．よって，補題 2.23 と補題 2.26 およびその証明から

$$ |A| = |F_m| \cdots |F_2| \cdot |F_1| = |{}^tF_1| \cdot |{}^tF_2| \cdots |{}^tF_m| = |{}^tF_1 {}^tF_2 \cdots {}^tF_m| $$

となり，補題 2.21 (3) より

$$ |A| = |{}^t(F_m \cdots F_2 F_1)| = |{}^tA| $$

を得る．

次に A は正則行列でないとすると行基本変形で最後の n 行の成分がすべて 0 にできる，すなわち，

$$ F_m \cdots F_2 F_1 A = \begin{pmatrix} & * & \\ 0 & \cdots & 0 \end{pmatrix}, $$

ここで，F_i は基本行列である．よって，

$$ |F_m| \cdots |F_2| \cdot |F_1| \cdot |A| = |F_m \cdots F_2 F_1 A| = \det \begin{pmatrix} & * & \\ 0 & \cdots & 0 \end{pmatrix} = 0 $$

で，基本行列の行列式は 0 でないから，$|A| = 0$ である．ところで $A = {}^t({}^tA)$ は正則行列でないから，命題 2.22 より ${}^tA$ も正則行列でないので同様にして

$|{}^t\!A| = 0$ を得る．よって，この場合も $|{}^t\!A| = |A|$ である． (証明終)

次に，行列式を具体的に構成するが，そのためには少し準備が必要である．

定義 2.27 1 から n までの自然数 $1, 2, \cdots, n$ を適当に並べ換えた $p_1, p_2, \cdots, p_n$ を $\boldsymbol{n}$ **文字の順列**と呼び，それを $< p_1, p_2, \cdots, p_n >$ と表す．n 文字の順列は $n!$ 通りある．いま，2 つの文字を入れ換えるという操作を偶数回行うことによって，順列 $< 1, 2, \cdots, n >$ にできるとき，その順列を**偶順列**と呼び，奇数回でそのようにできるとき**奇順列**と呼ぶ．ただし，この場合，入れ換える回数は一意的に定まらないが，偶数回か，奇数回かは与えられた順列によって決まることが証明される．この証明はここでは述べないことにする．

定義 2.28 順列 π に対して関数 sgn を次のように定める．π が偶順列なら $\mathrm{sgn}(\pi) = 1$, π が奇順列なら $\mathrm{sgn}(\pi) = -1$．これを順列 π の**符号**と呼ぶ．

例 2.18 (1) 2 文字の順列の場合は

$$\mathrm{sgn}(< 1, 2 >) = 1,\ \mathrm{sgn}(< 2, 1 >) = -1$$

である．

(2) 3 文字の順列の場合は

$$\mathrm{sgn}(< 1, 2, 3 >) = 1,\ \mathrm{sgn}(< 1, 3, 2 >) = -1,\ \mathrm{sgn}(< 2, 1, 3 >) = -1,$$

$$\mathrm{sgn}(< 2, 3, 1 >) = 1,\ \mathrm{sgn}(< 3, 1, 2 >) = 1,\ \mathrm{sgn}(< 3, 2, 1 >) = -1$$

である．

定義 2.29 n 次行列 $A = (a_{ij})$ に対して

$$\varphi_n(A) = \sum_{\pi = < p_1, p_2, \cdots, p_n >} \mathrm{sgn}(\pi) a_{1p_1} a_{2p_2} \cdots a_{np_n}$$

と定義する．ただし，右辺の和は n 文字の順列をすべて動く．よって $n!$ 個の和になっている．

例 2.19　3 次行列 $A = (a_{ij})$ について

$$\begin{aligned}\varphi_3(A) &= \mathrm{sgn}(<1,2,3>)a_{11}a_{22}a_{33} + \mathrm{sgn}(<1,3,2>)a_{11}a_{23}a_{32} \\ &+ \mathrm{sgn}(<2,1,3>)a_{12}a_{21}a_{33} + \mathrm{sgn}(<2,3,1>)a_{12}a_{23}a_{31} \\ &+ \mathrm{sgn}(<3,1,2>)a_{13}a_{21}a_{32} + \mathrm{sgn}(<3,2,1>)a_{13}a_{22}a_{31}\end{aligned}$$

$$= a_{11}a_{22}a_{33} - a_{11}a_{23}a_{32} - a_{12}a_{21}a_{33} + a_{12}a_{23}a_{31} + a_{13}a_{21}a_{32} - a_{13}a_{22}a_{31}$$

となり，**2.2** で定義した A の行列式 $|A|$ と同じになる．

定理 2.30　φ_n は定義 2.5 の性質 1, 2, 3, 4 を満たす．よって，定義 2.29 の $\varphi_n(A)$ が，これまで計算してきた A の行列式 $|A|$ である．また，φ_n は **2.5** の注意で述べたように行および列について加法的である．

証明.　まず，性質 (1) を証明する．n 次行列 $A = (a_{ij})$ と数 λ を考え，A の i 行を λ 倍した行列を B とすると

$$\begin{aligned}\varphi_n(B) &= \sum_{\pi=<p_1,\cdots,p_i,\cdots,p_n>} \mathrm{sgn}(\pi)a_{1p_1}\cdots(\lambda a_{ip_i})\cdots a_{np_n} \\ &= \lambda \sum_{\pi=<p_1,\cdots,p_i,\cdots,p_n>} \mathrm{sgn}(\pi)a_{1p_1}\cdots a_{ip_i}\cdots a_{np_n} \\ &= \lambda\varphi_n(A)\end{aligned}$$

となる．

次に性質 (3) を証明する．$i < j$ として行列 $A = (a_{ij})$ の i 行と j 行を交換した行列を C とすると

$$\varphi_n(C) = \sum_{\pi=<\cdots,p_i,\cdots,p_j,\cdots>} \mathrm{sgn}(\pi)a_{1p_1}\cdots a_{jp_i}\cdots a_{ip_j}\cdots a_{np_n}$$

である．ここで

$$\mathrm{sgn}(<\cdots,p_i,\cdots,p_j,\cdots>) = -\mathrm{sgn}(<\cdots,p_j,\cdots,p_i,\cdots>)$$

だから

$$\begin{aligned}\varphi_n(C) &= -\sum_{\pi=<\cdots,p_j,\cdots,p_i,\cdots>} \mathrm{sgn}(\pi)a_{1p_1}\cdots a_{ip_j}\cdots a_{jp_i}\cdots a_{np_n} \\ &= -\sum_{\pi=<\cdots,p_i,\cdots,p_j,\cdots>} \mathrm{sgn}(\pi)a_{1p_1}\cdots a_{ip_i}\cdots a_{jp_j}\cdots a_{np_n} \\ &= -\varphi_n(A)\end{aligned}$$

である．よって，いま $i \neq j$ として i 行と j 行が等しい n 次行列を $D = (d_{ij})$ とすると i 行と j 行を交換した行列も，また D であるので，いま証明した性質 (3) より

$$\varphi_n(D) = -\varphi_n(D)$$

だから

$$\varphi_n(D) = 0$$

を得る．

次に行に関する加法性を証明する．

$$\varphi_n(\begin{pmatrix} a_{11} & a_{12} & \cdots & a_{1n} \\ \vdots & \vdots & \ddots & \vdots \\ a_{i1}+b_1 & a_{i2}+b_2 & \cdots & a_{in}+b_n \\ \vdots & \vdots & \ddots & \vdots \\ a_{n1} & a_{n2} & \cdots & a_{nn} \end{pmatrix})$$

$$\begin{aligned}&= \sum_{\pi=<p_1,\cdots,p_i,\cdots,p_n>} \mathrm{sgn}(\pi)a_{1p_1}\cdots(a_{ip_i}+b_{p_i})\cdots a_{np_n} \\ &= \sum_{\pi=<p_1,\cdots,p_i,\cdots,p_n>} \mathrm{sgn}(\pi)a_{1p_1}\cdots a_{ip_i}\cdots a_{np_n} \\ &\quad + \sum_{\pi=<p_1,\cdots,p_i,\cdots,p_n>} \mathrm{sgn}(\pi)a_{1p_1}\cdots b_{p_i}\cdots a_{np_n} \\ &= \varphi_n(\begin{pmatrix} a_{11} & a_{12} & \cdots & a_{1n} \\ \vdots & \vdots & \ddots & \vdots \\ a_{i1} & a_{i2} & \cdots & a_{in} \\ \vdots & \vdots & \ddots & \vdots \\ a_{n1} & a_{n2} & \cdots & a_{nn} \end{pmatrix}) + \varphi_n(\begin{pmatrix} a_{11} & a_{12} & \cdots & a_{1n} \\ \vdots & \vdots & \ddots & \vdots \\ b_1 & b_2 & \cdots & b_n \\ \vdots & \vdots & \ddots & \vdots \\ a_{n1} & a_{n2} & \cdots & a_{nn} \end{pmatrix})\end{aligned}$$

となり，行に関する加法性が証明された．定理 2.8 より列に関する加法性も証明されたことになる．

いままで証明したことを使って性質 (2) を示す．行列 $A = (a_{ij})$ において i 行に j 行の λ 倍を加えた行列を G とすると行に関する加法性を使って

$$
\begin{aligned}
\varphi_n(G) &= \varphi_n(\begin{pmatrix} a_{11} & a_{12} & \cdots & a_{1n} \\ \vdots & \vdots & \ddots & \vdots \\ a_{i1}+\lambda a_{j1} & a_{i2}+\lambda a_{j2} & \cdots & a_{in}+\lambda a_{jn} \\ \vdots & \vdots & \ddots & \vdots \\ a_{j1} & a_{j2} & \cdots & a_{jn} \\ \vdots & \vdots & \ddots & \vdots \\ a_{n1} & a_{n2} & \cdots & a_{nn} \end{pmatrix}) \\
&= \varphi_n(\begin{pmatrix} a_{11} & a_{12} & \cdots & a_{1n} \\ \vdots & \vdots & \ddots & \vdots \\ a_{i1} & a_{i2} & \cdots & a_{in} \\ \vdots & \vdots & \ddots & \vdots \\ a_{j1} & a_{j2} & \cdots & a_{jn} \\ \vdots & \vdots & \ddots & \vdots \\ a_{n1} & a_{n2} & \cdots & a_{nn} \end{pmatrix}) \\
&\quad + \lambda\varphi_n(\begin{pmatrix} a_{11} & a_{12} & \cdots & a_{1n} \\ \vdots & \vdots & \ddots & \vdots \\ a_{j1} & a_{j2} & \cdots & a_{jn} \\ \vdots & \vdots & \ddots & \vdots \\ a_{j1} & a_{j2} & \cdots & a_{jn} \\ \vdots & \vdots & \ddots & \vdots \\ a_{n1} & a_{n2} & \cdots & a_{nn} \end{pmatrix})
\end{aligned}
$$

となる．ところで，異なる行の成分が同じなら φ_n の値は 0 だから

$$\varphi_n(G) = \varphi_n(A)$$

が出る．

最後に単位行列 $E_n = (e_{ij})$, すなわち $e_{ii} = 1$ かつ $i \neq j$ なら $e_{ij} = 0$ について

$$\begin{aligned}\varphi_n(E_n) &= \sum_{\pi=<p_1,p_2,\cdots,p_n>} \mathrm{sgn}(\pi) e_{1p_1} e_{2p_2} \cdots e_{np_n} \\ &= e_{11} e_{22} \cdots e_{nn} = 1\end{aligned}$$

である． (証明終)

3

数ベクトル空間と線形写像

この章では，行列や行列式を使って調べることのできる幾何学的対象について学ぶ．それは数ベクトル空間とそれらの間の線形写像で代表されるものである．また，これらのことから行列の重要性が理解されるであろう．

3.1 数ベクトル空間とその部分空間

定義 3.1 **1.1** でみたように n 次元数ベクトル空間 $\mathbb{R}^n$ には和および数乗法が定義されているが，$\mathbb{R}^n$ の空集合でない部分集合 V で和および数乗法で閉じているもの，すなわち次の 2 つの条件

(1) $\boldsymbol{a} \in V$ かつ $\boldsymbol{b} \in V$ なら，また $\boldsymbol{a}+\boldsymbol{b} \in V$ である，

(2) c がスカラーで $\boldsymbol{a} \in V$ なら，また $c\boldsymbol{a} \in V$ である，

を満たすとき，V を $\mathbb{R}^n$ の**部分空間**と呼ぶ．

例 3.1 $\mathbb{R}^2$ の部分空間 V は次の 3 種類である．

(0) $V = \{\boldsymbol{0}\}$

(1) $\mathbb{R}^2 = \{\begin{pmatrix} x \\ y \end{pmatrix} \mid x, y \text{ は実数}\}$ を xy 平面上の点全体と同一視したとき，原点を通る，ある直線上の点全体の集合 V，すなわち，a, b を $(a, b) \neq (0, 0)$ である定数としたとき

$$V = \{\begin{pmatrix} x \\ y \end{pmatrix} \mid ax + by = 0\}$$

(2) $V = \mathbb{R}^2$

上記の例 3.1 (0), (1) は次のように n 次元へ一般化される．

例 3.2 定義 1.16 で考えた同次連立 1 次方程式

$$(1)\quad \begin{cases} a_{11}x_1 + \ a_{12}x_2 + \cdots + \ a_{1n}x_n = 0 \\ a_{21}x_1 + \ a_{22}x_2 + \cdots + \ a_{2n}x_n = 0 \\ \qquad\qquad\qquad\qquad\qquad\quad \vdots \\ a_{m1}x_1 + a_{m2}x_2 + \cdots + a_{mn}x_n = 0 \end{cases}$$

の解全体の集合 V は $\mathbb{R}^n$ の部分空間になる．実際 A を (1) の係数行列とすると c がスカラー，$\boldsymbol{x}, \boldsymbol{y} \in \mathbb{R}^n$ が方程式 (1) の解なら

$$A(c\boldsymbol{x}) = cA\boldsymbol{x} = c\boldsymbol{0} = \boldsymbol{0}$$

かつ

$$A(\boldsymbol{x} + \boldsymbol{y}) = A\boldsymbol{x} + A\boldsymbol{y} = \boldsymbol{0} + \boldsymbol{0} = \boldsymbol{0}$$

となり，$c\boldsymbol{x}$ も $\boldsymbol{x} + \boldsymbol{y}$ も，また方程式 (1) の解となるから，(1) の解全体の集合 V は部分空間となる．

1.4 でみたように同次連立 1 次方程式の解全体は，いくつかの列ベクトルの 1 次結合全体で表されるので，例 3.2 は 1 次結合の言葉で言い換えると次のようになる．

> **命題 – 定義 3.2** r 個の n 次元列ベクトル $\boldsymbol{a}_1, \boldsymbol{a}_2, \cdots, \boldsymbol{a}_r$ の 1 次結合全体の集合は $\mathbb{R}^n$ の部分空間になる．この部分空間を $\boldsymbol{a}_1, \boldsymbol{a}_2, \cdots, \boldsymbol{a}_r$ で**張られる**または**生成される部分空間**と呼び，$\langle \boldsymbol{a}_1, \boldsymbol{a}_2, \cdots, \boldsymbol{a}_r \rangle$ で表すことにする．

証明． 部分空間になることの証明は各自試みよ． (証明終)

例 3.3 例 1.17 で考えた連立 1 次方程式で定数項をすべて 0 にした同次

連立 1 次方程式

$$\begin{cases} x_1 - x_2 + x_3 + x_4 = 0 \\ 2x_1 - x_2 - 2x_3 - x_4 = 0 \\ x_1 + x_2 - 7x_3 - 5x_4 = 0 \\ 3x_1 - x_2 - 5x_3 - 3x_4 = 0 \end{cases}$$

の解全体の集合は

$$\begin{pmatrix} x_1 \\ x_2 \\ x_3 \\ x_4 \end{pmatrix} = t_1 \begin{pmatrix} 3 \\ 4 \\ 1 \\ 0 \end{pmatrix} + t_2 \begin{pmatrix} 2 \\ 3 \\ 0 \\ 1 \end{pmatrix},$$

t_1, t_2 は任意の数であるから $\left\langle \begin{pmatrix} 3 \\ 4 \\ 1 \\ 0 \end{pmatrix}, \begin{pmatrix} 2 \\ 3 \\ 0 \\ 1 \end{pmatrix} \right\rangle$ と表される．

問 3.1　次の連立 1 次方程式の解を定義 3.2 の記号を使って表せ．

(1) $\begin{cases} x_1 + x_2 - 2x_3 = 0 \\ x_1 - 2x_2 + x_3 = 0 \\ -2x_1 + x_2 + x_3 = 0 \end{cases}$

(2) $\begin{cases} x_1 + 2x_2 - 3x_3 - 4x_4 = 0 \\ x_1 + 3x_2 - 5x_3 - 5x_4 = 0 \\ 2x_1 + 3x_2 - 4x_3 - 7x_4 = 0 \\ 3x_1 - x_2 + 5x_3 - 5x_4 = 0 \end{cases}$

3.2　1 次独立と 1 次従属

この節では，列ベクトルの間の関係について学ぶ．いくつかの列ベクトルを一緒に考えるとき，次に定義する関係式が重要になる．

定義 3.3 1次結合が零ベクトルと等しくなっている式，すなわち r 個の n 次元列ベクトル $\boldsymbol{a}_1, \boldsymbol{a}_2, \cdots, \boldsymbol{a}_r$ およびスカラー $c_1, c_2, \cdots, c_r$ に対して

$$c_1\boldsymbol{a}_1 + c_2\boldsymbol{a}_2 + \cdots + c_r\boldsymbol{a}_r = \boldsymbol{0}$$

を $\boldsymbol{a}_1, \boldsymbol{a}_2, \cdots, \boldsymbol{a}_r$ の **1次関係式**と呼ぶ．

定義 3.4 r 個の n 次元列ベクトル $\boldsymbol{a}_1, \boldsymbol{a}_2, \cdots, \boldsymbol{a}_r$ に対して，それらの1次関係式

$$c_1\boldsymbol{a}_1 + c_2\boldsymbol{a}_2 + \cdots + c_r\boldsymbol{a}_r = \boldsymbol{0}$$

が成立するのは $c_1 = c_2 = \cdots = c_r = 0$ に限るとき，$\boldsymbol{a}_1, \boldsymbol{a}_2, \cdots, \boldsymbol{a}_r$ は **1次独立**であるという．1次独立でないとき，すなわち $c_1, c_2, \cdots, c_r$ のなかに0でないものがあっても1次関係式

$$c_1\boldsymbol{a}_1 + c_2\boldsymbol{a}_2 + \cdots + c_r\boldsymbol{a}_r = \boldsymbol{0}$$

が成立するとき $\boldsymbol{a}_1, \boldsymbol{a}_2, \cdots, \boldsymbol{a}_r$ は **1次従属**であるという．

例 3.4

(1) $\boldsymbol{a}_1 = \begin{pmatrix} 1 \\ 2 \\ 3 \end{pmatrix}, \boldsymbol{a}_2 = \begin{pmatrix} 2 \\ 4 \\ 6 \end{pmatrix}$ は1次従属である．

(2) $\boldsymbol{a}_1 = \begin{pmatrix} 1 \\ 2 \\ 3 \end{pmatrix}, \boldsymbol{a}_2 = \begin{pmatrix} 2 \\ 4 \\ 5 \end{pmatrix}$ は1次独立である．

(3) $\boldsymbol{a}_1 = \begin{pmatrix} 1 \\ 1 \\ -2 \end{pmatrix}, \boldsymbol{a}_2 = \begin{pmatrix} 1 \\ -2 \\ 1 \end{pmatrix}, \boldsymbol{a}_3 = \begin{pmatrix} -2 \\ 1 \\ 1 \end{pmatrix}$ は1次従属である．

(4) a を 1 でも -2 でもない定数としたとき，$\boldsymbol{a}_1 = \begin{pmatrix} 1 \\ 1 \\ a \end{pmatrix}$, $\boldsymbol{a}_2 = \begin{pmatrix} 1 \\ a \\ 1 \end{pmatrix}$, $\boldsymbol{a}_3 = \begin{pmatrix} a \\ 1 \\ 1 \end{pmatrix}$ は 1 次独立である．

証明．

(1) $\boldsymbol{a}_2 = 2\boldsymbol{a}_1$ と表されるので 1 次関係式 $-2\boldsymbol{a}_1 + \boldsymbol{a}_2 = \boldsymbol{0}$ が成立するから，$\boldsymbol{a}_1, \boldsymbol{a}_2$ は 1 次従属である．

(2) 1 次関係式 $c_1\boldsymbol{a}_1 + c_2\boldsymbol{a}_2 = \boldsymbol{0}$ が成立するなら，$c_1 + 2c_2 = 0, 2c_1 + 4c_2 = 0, 3c_1 + 5c_2 = 0$ である．よって，第 1 式の 3 倍から第 3 式を引けば $c_2 = 0$ がでる．よって $c_1 = 0$ も成立するから，$\boldsymbol{a}_1, \boldsymbol{a}_2$ は 1 次独立である．

(3) 1 次関係式 $\boldsymbol{a}_1 + \boldsymbol{a}_2 + \boldsymbol{a}_3 = \boldsymbol{0}$ が成立するので $\boldsymbol{a}_1, \boldsymbol{a}_2, \boldsymbol{a}_3$ は 1 次従属である．

(4) 1 次関係式 $c_1\boldsymbol{a}_1 + c_2\boldsymbol{a}_2 + c_3\boldsymbol{a}_3 = \boldsymbol{0}$ が成立することを連立 1 次方程式で書き直すと

$$\begin{cases} c_1 + c_2 + ac_3 = 0 \\ c_1 + ac_2 + c_3 = 0 \\ ac_1 + c_2 + c_3 = 0 \end{cases}$$

である．ところで，この係数行列 A の行列式は

$$\begin{vmatrix} 1 & 1 & a \\ 1 & a & 1 \\ a & 1 & 1 \end{vmatrix} = -a^3 + 3a - 2 = -(a-1)^2(a+2)$$

で，a の条件より 0 でないので定理 2.15 より係数行列 A は逆行列をもつから

$$\begin{pmatrix} c_1 \\ c_2 \\ c_3 \end{pmatrix} = A^{-1} \begin{pmatrix} 0 \\ 0 \\ 0 \end{pmatrix} = \begin{pmatrix} 0 \\ 0 \\ 0 \end{pmatrix}$$

となる．よって，$\boldsymbol{a}_1, \boldsymbol{a}_2, \boldsymbol{a}_3$ は1次独立である． (証明終)

上記の例 3.4 (3), (4) は次のように一般化される．

定理 3.5 n 個の n 次元列ベクトル $\boldsymbol{a}_1, \boldsymbol{a}_2, \cdots, \boldsymbol{a}_n$ に対して次は同値である．

(1) $\boldsymbol{a}_1, \boldsymbol{a}_2, \cdots, \boldsymbol{a}_n$ は1次独立である．

(2) $\boldsymbol{a}_1, \boldsymbol{a}_2, \cdots, \boldsymbol{a}_n$ によって作られる n 次行列 $A = (\boldsymbol{a}_1\ \boldsymbol{a}_2\ \cdots\ \boldsymbol{a}_n)$ の行列式 $|A|$ は 0 でない．

証明． $\boldsymbol{a}_1, \boldsymbol{a}_2, \cdots, \boldsymbol{a}_n$ の1次関係式

$$c_1\boldsymbol{a}_1 + c_2\boldsymbol{a}_2 + \cdots + c_n\boldsymbol{a}_n = \boldsymbol{0}$$

を考える．これを行列を使った形で同次連立1次方程式で表すと $A\begin{pmatrix} c_1 \\ c_2 \\ \vdots \\ c_n \end{pmatrix} = \boldsymbol{0}$ である．ただし，$A = (\boldsymbol{a}_1\ \boldsymbol{a}_2\ \cdots\ \boldsymbol{a}_n)$ である．

いま，(2) を仮定すると定理 2.15 より A は正則行列だから，両辺に A の逆行列 A^{-1} を掛けると $\begin{pmatrix} c_1 \\ c_2 \\ \vdots \\ c_n \end{pmatrix} = A^{-1}\boldsymbol{0} = \boldsymbol{0}$ であるので，$\boldsymbol{a}_1, \boldsymbol{a}_2, \cdots, \boldsymbol{a}_n$ は1次独立であるから (1) を得る．

(1) ならば (2) は背理法を用いる．よって，いま (2) が成立しないとする．すなわち，A の行列式が 0 とすると A の階数が $n-1$ 以下でなければいけない．なぜなら，もし A の階数が n なら定理 1.14 より A は正則行列である．よって定理 2.15 より $|A| \neq 0$ である．これは矛盾だから A の階数 r が $n-1$ 以下である．よって，定理 1.20 の前で述べられているように同次連立1次方

程式 $A\begin{pmatrix} c_1 \\ c_2 \\ \vdots \\ c_n \end{pmatrix} = \mathbf{0}$ は自明でない解をもつ．すなわち，$c_1, c_2, \cdots, c_n$ がすべて 0 でなくても 1 次関係式

$$c_1\boldsymbol{a}_1 + c_2\boldsymbol{a}_2 + \cdots + c_n\boldsymbol{a}_n = \mathbf{0}$$

が成立することがわかる．よって $\boldsymbol{a}_1, \boldsymbol{a}_2, \cdots, \boldsymbol{a}_n$ が 1 次従属であることが示された．すなわち，(2) が成立しないなら (1) が成立しないことがわかったので，(1) ならば (2) が示されたことになる．　(証明終)

問 3.2　次の列ベクトルが 1 次独立か 1 次従属かどうかを判定せよ．

(1)　$\boldsymbol{a}_1 = \begin{pmatrix} 1 \\ a \end{pmatrix}$, $\boldsymbol{a}_2 = \begin{pmatrix} a \\ 4 \end{pmatrix}$, ただし a は定数.

(2)　$\boldsymbol{a}_1 = \begin{pmatrix} -8 \\ 5 \\ 5 \end{pmatrix}$, $\boldsymbol{a}_2 = \begin{pmatrix} 1 \\ 2 \\ -1 \end{pmatrix}$, $\boldsymbol{a}_3 = \begin{pmatrix} 2 \\ -3 \\ 1 \end{pmatrix}$.

(3)　$\boldsymbol{a}_1 = \begin{pmatrix} -8 \\ 5 \\ 5 \end{pmatrix}$, $\boldsymbol{a}_2 = \begin{pmatrix} 1 \\ 2 \\ -1 \end{pmatrix}$, $\boldsymbol{a}_3 = \begin{pmatrix} -2 \\ 3 \\ 1 \end{pmatrix}$.

(4)　$\boldsymbol{a}_1 = \begin{pmatrix} a \\ 2 \\ 1 \end{pmatrix}$, $\boldsymbol{a}_2 = \begin{pmatrix} 2 \\ a \\ 1 \end{pmatrix}$, $\boldsymbol{a}_3 = \begin{pmatrix} 2 \\ 1 \\ a \end{pmatrix}$, ただし a は定数.

(5)　$\boldsymbol{a}_1 = \begin{pmatrix} 1 \\ 2 \\ -1 \\ 3 \end{pmatrix}$, $\boldsymbol{a}_2 = \begin{pmatrix} 2 \\ -1 \\ 1 \\ 1 \end{pmatrix}$, $\boldsymbol{a}_3 = \begin{pmatrix} -1 \\ 1 \\ 2 \\ 0 \end{pmatrix}$, $\boldsymbol{a}_4 = \begin{pmatrix} 1 \\ -1 \\ 1 \\ a \end{pmatrix}$, ただし a は定数.

また，例 3.4 (1) (2) は次のように一般化される．

定理 3.6 r 個の n 次元列ベクトル $\boldsymbol{a}_1, \boldsymbol{a}_2, \cdots, \boldsymbol{a}_r$ に対して次は同値である.

(1) $\boldsymbol{a}_1, \boldsymbol{a}_2, \cdots, \boldsymbol{a}_r$ は1次独立である.

(2) $\boldsymbol{a}_1, \boldsymbol{a}_2, \cdots, \boldsymbol{a}_r$ によって作られる (n, r) 行列 $A = (\boldsymbol{a}_1\ \boldsymbol{a}_2\ \cdots\ \boldsymbol{a}_r)$ の階数 rank A は r である.

証明. $\boldsymbol{a}_1, \boldsymbol{a}_2, \cdots, \boldsymbol{a}_r$ の1次関係式

$$c_1\boldsymbol{a}_1 + c_2\boldsymbol{a}_2 + \cdots + c_r\boldsymbol{a}_r = \boldsymbol{0}$$

を考える. これを行列を使った形で同次連立1次方程式で表すと $A\begin{pmatrix} c_1 \\ c_2 \\ \vdots \\ c_r \end{pmatrix} = \boldsymbol{0}$ である. ただし, $A = (\boldsymbol{a}_1\ \boldsymbol{a}_2\ \cdots\ \boldsymbol{a}_r)$ である.

いま, (2) を仮定するとこの連立1次方程式の未知数の個数は r 個だから定理 1.20 の前で述べられていることから, 同次連立1次方程式 $A\begin{pmatrix} c_1 \\ c_2 \\ \vdots \\ c_r \end{pmatrix} = \boldsymbol{0}$ は自明な解しかもたない. よって, $c_1 = c_2 = \cdots = c_r = 0$ である. ゆえに $\boldsymbol{a}_1, \boldsymbol{a}_2, \cdots, \boldsymbol{a}_r$ は1次独立である.

次に A の階数が r より小さい, すなわち未知数の個数より小さいとすると定理 1.20 の前で述べられていることから, 同次連立1次方程式は自明でない解をもつ. すなわち, $c_1, c_2, \cdots, c_r$ がすべて 0 でなくても1次関係式

$$c_1\boldsymbol{a}_1 + c_2\boldsymbol{a}_2 + \cdots + c_r\boldsymbol{a}_r = \boldsymbol{0}$$

が成立することがわかる. よって, $\boldsymbol{a}_1, \boldsymbol{a}_2, \cdots, \boldsymbol{a}_r$ が1次従属であることが示された. (証明終)

この定理は, 定理 1.14 および定理 2.15 を考慮すると定理 3.5 の一般化になる. すなわち定理 3.5 の結果を含んでいる.

問 3.3　次の列ベクトルが1次独立か1次従属かどうかを判定せよ．

(1)　$\boldsymbol{a}_1 = \begin{pmatrix} 1 \\ -1 \\ 3 \end{pmatrix}, \boldsymbol{a}_2 = \begin{pmatrix} -2 \\ 2 \\ a \end{pmatrix}$, ただし，$a$ は定数.

(2)　$\boldsymbol{a}_1 = \begin{pmatrix} 1 \\ -1 \\ 0 \end{pmatrix}, \boldsymbol{a}_2 = \begin{pmatrix} -2 \\ 3 \\ a \end{pmatrix}$, ただし，$a$ は定数.

(3)　$\boldsymbol{a}_1 = \begin{pmatrix} 1 \\ -1 \\ 3 \\ 2 \end{pmatrix}, \boldsymbol{a}_2 = \begin{pmatrix} 0 \\ 2 \\ 1 \\ 1 \end{pmatrix}, \boldsymbol{a}_3 = \begin{pmatrix} 3 \\ 1 \\ 1 \\ -1 \end{pmatrix}$.

(4)　$\boldsymbol{a}_1 = \begin{pmatrix} 1 \\ -1 \\ 3 \\ 2 \end{pmatrix}, \boldsymbol{a}_2 = \begin{pmatrix} 0 \\ 2 \\ 1 \\ 1 \end{pmatrix}, \boldsymbol{a}_3 = \begin{pmatrix} 1 \\ 3 \\ 5 \\ a \end{pmatrix}$, ただし，$a$ は定数.

3.3　部分空間の基底と次元

前の節では列ベクトルの1次独立について学んだが，このような列ベクトルが部分空間を研究するのに重要である．よって，次のような用語を導入する．

定義 3.7　V を $\mathbb{R}^n$ の部分空間としたとき，V に属する r 個の列ベクトル $\boldsymbol{a}_1, \boldsymbol{a}_2, \cdots, \boldsymbol{a}_r$ が次の2つの条件

(1)　$\boldsymbol{a}_1, \boldsymbol{a}_2, \cdots, \boldsymbol{a}_r$ は1次独立である，

(2)　V に属する任意の列ベクトル $\boldsymbol{a}$ は $\boldsymbol{a}_1, \boldsymbol{a}_2, \cdots, \boldsymbol{a}_r$ の1次結合で表される，すなわち，ある r 個のスカラー $c_1, c_2, \cdots, c_r$ が存在して

$$\boldsymbol{a} = c_1\boldsymbol{a}_1 + c_2\boldsymbol{a}_2 + \cdots + c_r\boldsymbol{a}_r$$

と表される，

を満たすとき $\boldsymbol{a}_1, \boldsymbol{a}_2, \cdots, \boldsymbol{a}_r$ は V の**基底**であるという．

命題 3.8 r 個の 1 次独立な n 次元列ベクトル $\boldsymbol{a}_1, \boldsymbol{a}_2, \cdots, \boldsymbol{a}_r$ で生成される部分空間 $V = \langle \boldsymbol{a}_1, \boldsymbol{a}_2, \cdots, \boldsymbol{a}_r \rangle$ を考えたとき，$\boldsymbol{a}_1, \boldsymbol{a}_2, \cdots, \boldsymbol{a}_r$ は V の基底である．

証明. $\langle \boldsymbol{a}_1, \boldsymbol{a}_2, \cdots, \boldsymbol{a}_r \rangle$ の定義および上記の基底の定義より，明らかである． (証明終)

例 3.5

(1) n 次元列ベクトル $\boldsymbol{e}_1 = \begin{pmatrix} 1 \\ 0 \\ \vdots \\ 0 \end{pmatrix}, \boldsymbol{e}_2 = \begin{pmatrix} 0 \\ 1 \\ \vdots \\ 0 \end{pmatrix}, \cdots, \boldsymbol{e}_n = \begin{pmatrix} 0 \\ 0 \\ \vdots \\ 1 \end{pmatrix}$ は 1 次独立で，$\mathbb{R}^n = \langle \boldsymbol{e}_1, \boldsymbol{e}_2, \cdots, \boldsymbol{e}_n \rangle$ であるので，$\mathbb{R}^n$ の基底である．この基底を $\mathbb{R}^n$ の**標準基底**と呼ぶ．

(2) $V = \left\langle \begin{pmatrix} 1 \\ 2 \\ 3 \end{pmatrix}, \begin{pmatrix} 2 \\ 4 \\ 5 \end{pmatrix} \right\rangle$ とすると $\boldsymbol{a}_1 = \begin{pmatrix} 1 \\ 2 \\ 3 \end{pmatrix}, \boldsymbol{a}_2 = \begin{pmatrix} 2 \\ 4 \\ 5 \end{pmatrix}$ は 1 次独立であるので V の基底である．

(3) $V = \left\langle \begin{pmatrix} 1 \\ 1 \\ -2 \end{pmatrix}, \begin{pmatrix} 1 \\ -2 \\ 1 \end{pmatrix}, \begin{pmatrix} -2 \\ 1 \\ 1 \end{pmatrix} \right\rangle$ とすると $\boldsymbol{a}_1 = \begin{pmatrix} 1 \\ 1 \\ -2 \end{pmatrix}, \boldsymbol{a}_2 = \begin{pmatrix} 1 \\ -2 \\ 1 \end{pmatrix}$, $\boldsymbol{a}_3 = \begin{pmatrix} -2 \\ 1 \\ 1 \end{pmatrix}$ としたとき，$\boldsymbol{a}_1, \boldsymbol{a}_2$ は，1 次独立で，$\boldsymbol{a}_3 = -\boldsymbol{a}_1 - \boldsymbol{a}_2$ と表される．よって，$V = \langle \boldsymbol{a}_1, \boldsymbol{a}_2 \rangle$ であるので，V の基底になる．同様にして，$\boldsymbol{a}_1, \boldsymbol{a}_3$ も V の基底であり，$\boldsymbol{a}_2, \boldsymbol{a}_3$ も V の基底である．

上記の例でみたように部分空間 V が与えられたとき，その基底の選びかたはたくさんあるが，それらの基底の列ベクトルの個数については次の重要な結果がある．

定理 3.9　V を $\mathbb{R}^n$ の部分空間としたとき，$\boldsymbol{a}_1, \boldsymbol{a}_2, \cdots, \boldsymbol{a}_r$ および $\boldsymbol{b}_1, \boldsymbol{b}_2, \cdots, \boldsymbol{b}_s$ がともに V の基底ならば，$r = s$ である．すなわち，V の基底にあらわれる列ベクトルの個数は一定である．

証明.　$s \leqq r$ として，$1 \leqq t \leqq s$ である整数 t を考える．いま，$\boldsymbol{b}_1, \boldsymbol{b}_2, \cdots, \boldsymbol{b}_s$ の中の $t-1$ 個を $\boldsymbol{a}_1, \boldsymbol{a}_2, \cdots, \boldsymbol{a}_{t-1}$ で置き換えて

$$V = \langle \boldsymbol{b}_1, \boldsymbol{b}_2, \cdots, \boldsymbol{b}_s \rangle = \langle \boldsymbol{a}_1, \boldsymbol{a}_2, \cdots, \boldsymbol{a}_{t-1}, \boldsymbol{b}_t, \cdots, \boldsymbol{b}_s \rangle$$

とできたと仮定する．$t = 1$ のときは，成立していることを注意しておく．ところで，$\boldsymbol{a}_t \in V$ だから

$$\boldsymbol{a}_t = c_1\boldsymbol{a}_1 + c_2\boldsymbol{a}_2 + \cdots + c_{t-1}\boldsymbol{a}_{t-1} + c_t\boldsymbol{b}_t + \cdots + c_s\boldsymbol{b}_s$$

と表せる．もし $c_t = \cdots = c_s = 0$ なら

$$\boldsymbol{a}_t = c_1\boldsymbol{a}_1 + c_2\boldsymbol{a}_2 + \cdots + c_{t-1}\boldsymbol{a}_{t-1}$$

となり，$\boldsymbol{a}_1, \boldsymbol{a}_2, \cdots, \boldsymbol{a}_t$ は1次従属になる．これは矛盾である．なぜなら，$\boldsymbol{a}_1, \boldsymbol{a}_2, \cdots, \boldsymbol{a}_r$ は V の基底で1次独立であるから，その一部分の $\boldsymbol{a}_1, \boldsymbol{a}_2, \cdots, \boldsymbol{a}_t$ も1次独立でなければいけない．よって $c_t, \cdots, c_s$ の中には，少なくとも1つ0でないものがある．ここで $\boldsymbol{b}_t, \cdots, \boldsymbol{b}_s$ の番号を付けかえれば，$c_t \neq 0$ としてよい．ゆえに

$$\boldsymbol{b}_t = -\frac{c_1}{c_t}\boldsymbol{a}_1 - \frac{c_2}{c_t}\boldsymbol{a}_2 - \cdots - \frac{c_{t-1}}{c_t}\boldsymbol{a}_{t-1} + \frac{1}{c_t}\boldsymbol{a}_t - \frac{c_{t+1}}{c_t}\boldsymbol{b}_{t+1} - \cdots - \frac{c_r}{c_t}\boldsymbol{b}_s$$

となるので，

$$\begin{aligned} V &= \langle \boldsymbol{b}_1, \boldsymbol{b}_2, \cdots, \boldsymbol{b}_s \rangle = \langle \boldsymbol{a}_1, \boldsymbol{a}_2, \cdots, \boldsymbol{a}_{t-1}, \boldsymbol{b}_t, \cdots, \boldsymbol{b}_s \rangle \\ &= \langle \boldsymbol{a}_1, \boldsymbol{a}_2, \cdots, \boldsymbol{a}_{t-1}, \boldsymbol{a}_t, \boldsymbol{b}_{t+1}, \cdots, \boldsymbol{b}_s \rangle \end{aligned}$$

が成立する．$s \leqq r$ だから，上記のことを $\boldsymbol{b}_1, \boldsymbol{b}_2, \cdots, \boldsymbol{b}_s$ が，すべて置き換わるまで続けると

$$V = \langle \boldsymbol{b}_1, \boldsymbol{b}_2, \cdots, \boldsymbol{b}_s \rangle = \langle \boldsymbol{a}_1, \boldsymbol{a}_2, \cdots, \boldsymbol{a}_s \rangle$$

となる．もし，$s < r$ なら $\boldsymbol{a}_r \in V$ だから

$$\boldsymbol{a}_r = d_1\boldsymbol{a}_1 + d_2\boldsymbol{a}_2 + \cdots + d_s\boldsymbol{a}_s$$

と表される．よって，$\boldsymbol{a}_1, \boldsymbol{a}_2, \cdots, \boldsymbol{a}_s, \boldsymbol{a}_r$ は 1 次従属になる．これは $\boldsymbol{a}_1, \boldsymbol{a}_2, \cdots, \boldsymbol{a}_r$ が V の基底であることに矛盾する．よって，$s = r$ でなければいけない．また，$s \geqq r$ の場合も同様にして $s = r$ が示せる． (証明終)

この定理により，部分空間を幾何学的直感でとらえることができる概念を定義することができる．

定義 3.10 V を $\mathbb{R}^n$ の部分空間としたとき，V の基底にあらわれる列ベクトルの個数 r を V の**次元**と呼び，$\dim V$ と表す．

例 3.6 n 次元数ベクトル空間 $\mathbb{R}^n$ の次元は，例 3.5 (1) より n である．すなわち，$\dim \mathbb{R}^n = n$ である．たとえば，$n = 1$ のときは $\mathbb{R}^1$ は直線上の点全体と同一視できるので，直感的にいって 1 次元でなければいけないが，上記より $\dim \mathbb{R}^1 = 1$ となり一致している．$n = 2$ のときは $\mathbb{R}^2$ は平面上の点全体と同一視できるので，直感的にいって 2 次元でなければいけないが，上記より $\dim \mathbb{R}^2 = 2$ である．$n = 3$ のときは $\mathbb{R}^3$ は空間内の点全体と同一視できるので，直感的にいって 3 次元でなければいけないが，上記より $\dim \mathbb{R}^3 = 3$ である．よって，この次元の定義は我々の幾何学的直感と一致しているのである．

注意 次元によって部分空間 V を幾何学的にとらえることができ，さらに次のようにして部分空間 V に次元個の座標を導入することができる．いま，V の基底 $\boldsymbol{a}_1, \boldsymbol{a}_2, \cdots, \boldsymbol{a}_r$ を 1 つとる．このとき，V に属する列ベクトル $\boldsymbol{a}$ は

$$\boldsymbol{a} = x_1\boldsymbol{a}_1 + x_2\boldsymbol{a}_2 + \cdots + x_r\boldsymbol{a}_r$$

と表せるが，この r 個の数の組 $(x_1, x_2, \cdots, x_r)$ は唯一通りに決まる．なぜなら，もしもう 1 つの表し方があって

$$\boldsymbol{a} = y_1\boldsymbol{a}_1 + y_2\boldsymbol{a}_2 + \cdots + y_r\boldsymbol{a}_r$$

とする．このとき

$$x_1\boldsymbol{a}_1 + x_2\boldsymbol{a}_2 + \cdots + x_r\boldsymbol{a}_r = y_1\boldsymbol{a}_1 + y_2\boldsymbol{a}_2 + \cdots + y_r\boldsymbol{a}_r$$

となり，右辺を左辺に移項して

$$(x_1 - y_1)\boldsymbol{a}_1 + (x_2 - y_2)\boldsymbol{a}_2 + \cdots + (x_r - y_r)\boldsymbol{a}_r = \boldsymbol{0}$$

となる．ところで，$\boldsymbol{a}_1, \boldsymbol{a}_2, \cdots, \boldsymbol{a}_r$ は V の基底で1次独立だから，

$$x_1 - y_1 = x_2 - y_2 = \cdots = x_r - y_r = 0,$$

すなわち

$$x_1 = y_1,\ x_2 = y_2,\ \cdots,\ x_r = y_r$$

でなければいけない．このような r 個の数の組 $(x_1, x_2, \cdots, x_r)$ を $\boldsymbol{a}$ の基底 $\boldsymbol{a}_1, \boldsymbol{a}_2, \cdots, \boldsymbol{a}_r$ に関する**座標**と呼ぶ．

ただ，ここで注意が必要なのは，この座標は基底のとり方によって変わることである．すなわち，行列で表すならば，

$$\boldsymbol{a} = (\boldsymbol{a}_1, \boldsymbol{a}_2, \cdots, \boldsymbol{a}_r)\begin{pmatrix} x_1 \\ x_2 \\ \vdots \\ x_r \end{pmatrix}$$

となるから，$(x_1, x_2, \cdots, x_r)$ は当然，基底 $\boldsymbol{a}_1, \boldsymbol{a}_2, \cdots, \boldsymbol{a}_r$ のとり方によって変わるのである．

例 3.7

(1)　n 次元零ベクトル $\boldsymbol{0}$ だけからなる集合 $\{\boldsymbol{0}\}$ は $\mathbb{R}^n$ の部分空間であるが，基底は存在しないので0次元である．すなわち，$\dim\{\boldsymbol{0}\} = 0$ である．

(2)　$V = \left\langle \begin{pmatrix} 1 \\ 2 \\ 3 \end{pmatrix}, \begin{pmatrix} 2 \\ 4 \\ 5 \end{pmatrix} \right\rangle$ とすると $\boldsymbol{a}_1 = \begin{pmatrix} 1 \\ 2 \\ 3 \end{pmatrix}$, $\boldsymbol{a}_2 = \begin{pmatrix} 2 \\ 4 \\ 5 \end{pmatrix}$ は V の基底だから，$\dim V = 2$ である．また，$\boldsymbol{a}_4 = \begin{pmatrix} 0 \\ 0 \\ 1 \end{pmatrix}$ の基底 $\boldsymbol{a}_1, \boldsymbol{a}_2$ に関する座

標は $(2,-1)$ である．

(3) $V=\langle\begin{pmatrix}1\\1\\-2\end{pmatrix},\begin{pmatrix}1\\-2\\1\end{pmatrix},\begin{pmatrix}-2\\1\\1\end{pmatrix}\rangle$ とすると $\boldsymbol{a}_1=\begin{pmatrix}1\\1\\-2\end{pmatrix}$, $\boldsymbol{a}_2=\begin{pmatrix}1\\-2\\1\end{pmatrix}$ は V の基底だから $\dim V=2$ である．また，$\boldsymbol{a}_3=\begin{pmatrix}-2\\1\\1\end{pmatrix}$ の基底 $\boldsymbol{a}_1$, $\boldsymbol{a}_2$ に関する座標は $(-1,-1)$ である．

問 3.4 次の部分空間の 1 つの基底と次元を求めよ．

(1) $V=\langle\begin{pmatrix}a\\2\end{pmatrix},\begin{pmatrix}8\\a\end{pmatrix}\rangle$, ただし a は定数.

(2) $V=\langle\begin{pmatrix}-1\\4\\3\end{pmatrix},\begin{pmatrix}1\\-2\\-1\end{pmatrix},\begin{pmatrix}3\\-2\\1\end{pmatrix}\rangle$

(3) $V=\langle\begin{pmatrix}-1\\4\\3\end{pmatrix},\begin{pmatrix}1\\-2\\-1\end{pmatrix},\begin{pmatrix}3\\-2\\-1\end{pmatrix}\rangle$

(4) $V=\langle\begin{pmatrix}a\\1\\1\end{pmatrix},\begin{pmatrix}1\\a\\a\end{pmatrix},\begin{pmatrix}1\\a\\1\end{pmatrix}\rangle$, ただし，$a$ は定数.

(5) $V=\langle\begin{pmatrix}1\\1\\1\\a\end{pmatrix},\begin{pmatrix}1\\1\\a\\1\end{pmatrix},\begin{pmatrix}1\\a\\1\\1\end{pmatrix},\begin{pmatrix}a\\1\\1\\1\end{pmatrix}\rangle$, ただし，$a$ は定数.

問 3.5

(1) $V=\langle\begin{pmatrix}1\\-7\\-4\end{pmatrix},\begin{pmatrix}-3\\5\\2\end{pmatrix},\begin{pmatrix}-7\\1\\a\end{pmatrix}\rangle$ の基底が $\boldsymbol{a}_1=\begin{pmatrix}1\\-7\\-4\end{pmatrix}$, $\boldsymbol{a}_2=\begin{pmatrix}-3\\5\\2\end{pmatrix}$

になるように定数 a を定め，そのときの $\begin{pmatrix} -7 \\ 1 \\ a \end{pmatrix}$ の基底 $\boldsymbol{a}_1, \boldsymbol{a}_2$ に関する座標を求めよ．

(2) $V = \left\langle \begin{pmatrix} 1 \\ 0 \\ 2 \\ 1 \end{pmatrix}, \begin{pmatrix} 0 \\ -1 \\ 1 \\ 2 \end{pmatrix}, \begin{pmatrix} 2 \\ 1 \\ 0 \\ 5 \end{pmatrix}, \begin{pmatrix} 2a \\ 3 \\ 3a \\ 0 \end{pmatrix} \right\rangle$ の基底が $\boldsymbol{a}_1 = \begin{pmatrix} 1 \\ 0 \\ 2 \\ 1 \end{pmatrix}$, $\boldsymbol{a}_2 = \begin{pmatrix} 0 \\ -1 \\ 1 \\ 2 \end{pmatrix}$, $\boldsymbol{a}_3 = \begin{pmatrix} 2 \\ 1 \\ 0 \\ 5 \end{pmatrix}$ になるように定数 a を定め，そのときの $\begin{pmatrix} 2a \\ 3 \\ 3a \\ 0 \end{pmatrix}$ の基底 $\boldsymbol{a}_1, \boldsymbol{a}_2, \boldsymbol{a}_3$ に関する座標を求めよ．

ここで，2 つの部分空間から 1 つの新しい部分空間を作ることを考えてみよう．このことは，集合でいえば積集合，和集合を考えることに対応する．

> **命題 – 定義 3.11**　V_1, V_2 を $\mathbb{R}^n$ の部分空間としたとき，その積集合 $V_1 \cap V_2$ もまた $\mathbb{R}^n$ の部分空間になる．この部分空間を V_1 と V_2 の**積空間**と呼ぶ．

証明.　$\boldsymbol{x} \in V_1 \cap V_2$ およびスカラー c を考える．このとき，$\boldsymbol{x} \in V_1$ かつ $\boldsymbol{x} \in V_2$ で，V_1 および V_2 は部分空間であるから，$c\boldsymbol{x} \in V_1$ かつ $c\boldsymbol{x} \in V_2$ である．よって $c\boldsymbol{x} \in V_1 \cap V_2$ である．次にもう 1 つ $\boldsymbol{y} \in V_1 \cap V_2$ をとると $\boldsymbol{y} \in V_1$ かつ $\boldsymbol{y} \in V_2$ で，V_1 および V_2 は部分空間であるから $\boldsymbol{x} + \boldsymbol{y} \in V_1$ かつ $\boldsymbol{x} + \boldsymbol{y} \in V_2$ である．よって $\boldsymbol{x} + \boldsymbol{y} \in V_1 \cap V_2$ である．　(証明終)

ところで，部分空間 V_1 と V_2 の和集合 $V_1 \cup V_2$ は，必ずしも部分空間にはならない．実際，次の図のような場合，$\boldsymbol{x}_1 \in V_1, \boldsymbol{x}_2 \in V_2$ とすると $\boldsymbol{x}_1 + \boldsymbol{x}_2$ は 和集合 $V_1 \cup V_2$ には属さない．

しかし，次のようにして和集合 $V_1 \cup V_2$ を含む最小の部分空間を考えること

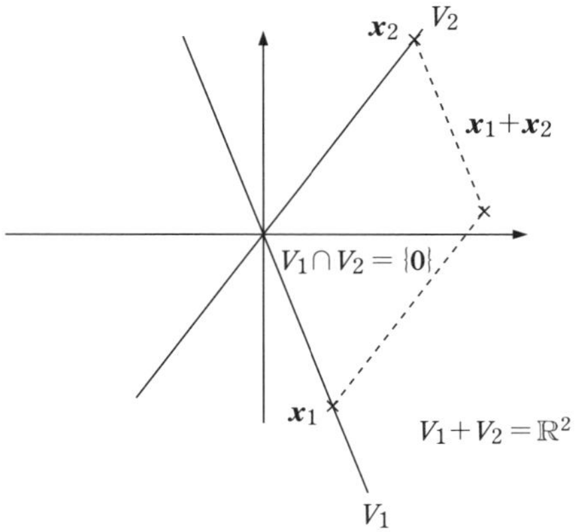

図 3.1 積空間と和空間

ができる.

命題 – 定義 3.12 V_1, V_2 を $\mathbb{R}^n$ の部分空間としたとき

$$V_1 + V_2 = \{\boldsymbol{x}_1 + \boldsymbol{x}_2 | \boldsymbol{x}_1 \in V_1, \boldsymbol{x}_2 \in V_2\}$$

と定義すると, $V_1 + V_2$ は V_1 および V_2 を含む $\mathbb{R}^n$ の部分空間になる. よって, この $V_1 + V_2$ を V_1 と V_2 の**和空間**と呼ぶ.

証明. $\boldsymbol{x}_1 \in V_1$ とすると $\boldsymbol{x}_1 = \boldsymbol{x}_1 + \mathbf{0}$ で, $\mathbf{0} \in V_2$ であるので, $\boldsymbol{x}_1 \in V_1 + V_2$ となり, $V_1 + V_2$ は V_1 を含む. 同様にして, $V_1 + V_2$ は V_2 も含む. 次に, $\boldsymbol{x} \in V_1 + V_2$ とすると

$$\boldsymbol{x} = \boldsymbol{x}_1 + \boldsymbol{x}_2,\ \boldsymbol{x}_1 \in V_1, \boldsymbol{x}_2 \in V_2$$

と表せる. いま, c をスカラーとすると

$$c\boldsymbol{x} = c(\boldsymbol{x}_1 + \boldsymbol{x}_2) = c\boldsymbol{x}_1 + c\boldsymbol{x}_2$$

で, V_1, V_2 は部分空間だから $c\boldsymbol{x}_1 \in V_1$, $c\boldsymbol{x}_2 \in V_2$ である. よって $c\boldsymbol{x} \in V_1 + V_2$ である. 次にもう 1 つ $\boldsymbol{y} \in V_1 + V_2$ をとると

$$\boldsymbol{y} = \boldsymbol{y}_1 + \boldsymbol{y}_2,\ \boldsymbol{y}_1 \in V_1, \boldsymbol{y}_2 \in V_2$$

だから

$$\boldsymbol{x}+\boldsymbol{y}=(\boldsymbol{x}_1+\boldsymbol{y}_1)+(\boldsymbol{x}_2+\boldsymbol{y}_2)$$

となる．ところで V_1, V_2 は部分空間だから $\boldsymbol{x}_1+\boldsymbol{y}_1 \in V_1$, $\boldsymbol{x}_2+\boldsymbol{y}_2 \in V_2$ となる．よって，$\boldsymbol{x}+\boldsymbol{y} \in V_1+V_2$ である．　(証明終)

例 3.8　$\mathbb{R}^3$ の部分空間

$$V_1=\left\langle \begin{pmatrix} 1 \\ -3 \\ -2 \end{pmatrix}, \begin{pmatrix} 2 \\ -2 \\ -1 \end{pmatrix} \right\rangle,\ V_2=\left\langle \begin{pmatrix} 2 \\ -3 \\ 1 \end{pmatrix}, \begin{pmatrix} 3 \\ -2 \\ 2 \end{pmatrix} \right\rangle$$

の積空間 $V_1 \cap V_2$ を求めよ．

解．　$V_1 \cap V_2$ の元は，V_1 かつ V_2 に属しているから

$$x\begin{pmatrix} 1 \\ -3 \\ -2 \end{pmatrix}+y\begin{pmatrix} 2 \\ -2 \\ -1 \end{pmatrix}=u\begin{pmatrix} 2 \\ -3 \\ 1 \end{pmatrix}+v\begin{pmatrix} 3 \\ -2 \\ 2 \end{pmatrix},$$

x, y, u, v はあるスカラーと表される．よって，連立 1 次方程式

$$\begin{cases} x+2y-2u-3v=0 \\ -3x-2y+3u+2v=0 \\ -2x-y-u-2v=0 \end{cases}$$

で書き直すことができる．この係数行列を行基本変形すると

$$\begin{pmatrix} 1 & 2 & -2 & -3 \\ -3 & -2 & 3 & 2 \\ -2 & -1 & -1 & -2 \end{pmatrix} \xrightarrow[③+①\times 2]{②+①\times 3} \begin{pmatrix} 1 & 2 & -2 & -3 \\ 0 & 4 & -3 & -7 \\ 0 & 3 & -5 & -8 \end{pmatrix}$$

$$\xrightarrow{②-③} \begin{pmatrix} 1 & 2 & -2 & -3 \\ 0 & 1 & 2 & 1 \\ 0 & 3 & -5 & -8 \end{pmatrix} \xrightarrow{③+②\times(-3)} \begin{pmatrix} 1 & 2 & -2 & -3 \\ 0 & 1 & 2 & 1 \\ 0 & 0 & -11 & -11 \end{pmatrix}$$

を得る．3 行目は，方程式 $-11u-11v=0$, すなわち，$v=-u$ を表してい

る．だから $V_1 \cap V_2$ の元は

$$u\begin{pmatrix}2\\-3\\1\end{pmatrix}+v\begin{pmatrix}3\\-2\\2\end{pmatrix}=u\begin{pmatrix}2\\-3\\1\end{pmatrix}-u\begin{pmatrix}3\\-2\\2\end{pmatrix}=u\begin{pmatrix}-1\\-1\\-1\end{pmatrix}$$

と表せる．ゆえに，$V_1 \cap V_2 = \langle \begin{pmatrix}-1\\-1\\-1\end{pmatrix} \rangle = \langle \begin{pmatrix}1\\1\\1\end{pmatrix} \rangle$ である．

問 3.6 $\mathbb{R}^3$ の部分空間

$$V_1 = \langle \begin{pmatrix}-3\\1\\-1\end{pmatrix}, \begin{pmatrix}-2\\-1\\-2\end{pmatrix} \rangle,\ V_2 = \langle \begin{pmatrix}1\\1\\2\end{pmatrix}, \begin{pmatrix}2\\-1\\1\end{pmatrix} \rangle$$

の積空間 $V_1 \cap V_2$ を求めよ．

次にこの積空間と和空間の次元の関係式を求めてみよう．そのために，次の補題を証明する．

> **補題 3.13** V, W を $\mathbb{R}^n$ の部分空間とし，$W \subset V$ とする．このとき，任意の W の基底を含むように V の基底を作ることができる．

証明． $\boldsymbol{a}_1, \cdots, \boldsymbol{a}_s$ を W の基底とする．いま，$\boldsymbol{b}_1$ を V の元で，$\boldsymbol{b}_1 \notin W = \langle \boldsymbol{a}_1, \cdots, \boldsymbol{a}_s \rangle$ とする．このとき，$\boldsymbol{a}_1, \cdots, \boldsymbol{a}_s$ は 1 次独立なので，$\boldsymbol{a}_1, \cdots, \boldsymbol{a}_s, \boldsymbol{b}_1$ は 1 次独立である．次に，$\boldsymbol{b}_2$ を V の元で，$\boldsymbol{b}_2 \notin \langle \boldsymbol{a}_1, \cdots, \boldsymbol{a}_s, \boldsymbol{b}_1 \rangle$ とする．このとき，また $\boldsymbol{a}_1, \cdots, \boldsymbol{a}_s, \boldsymbol{b}_1, \boldsymbol{b}_2$ は 1 次独立である．いま，V の次元を r としたとき，上記のことを $r-s$ 回繰り返して得られた $\boldsymbol{a}_1, \cdots, \boldsymbol{a}_s, \boldsymbol{b}_1, \cdots, \boldsymbol{b}_{r-s}$ は 1 次独立で，定理 3.9 および定理 3.6 より

$$V = \langle \boldsymbol{a}_1, \cdots, \boldsymbol{a}_s, \boldsymbol{b}_1, \cdots, \boldsymbol{b}_{r-s} \rangle$$

でなければいけない．よって $\boldsymbol{a}_1, \cdots, \boldsymbol{a}_s, \boldsymbol{b}_1, \cdots, \boldsymbol{b}_{r-s}$ は W の基底 $\boldsymbol{a}_1, \cdots, \boldsymbol{a}_s$ を含む V の基底である． (証明終)

定理 3.14　V_1, V_2 を $\mathbb{R}^n$ の部分空間としたとき

$$\dim (V_1 \cap V_2) = \dim V_1 + \dim V_2 - \dim (V_1 + V_2)$$

が成立する．

証明．　$\dim (V_1 \cap V_2) = r$, $\dim V_1 = r + s_1$, $\dim V_2 = r + s_2$, とおき，$\boldsymbol{a}_1, \cdots, \boldsymbol{a}_r$ を積空間 $V_1 \cap V_2$ の基底とする．このとき補題 3.13 より s_1 個の V_1 の元 $\boldsymbol{b}_1, \cdots, \boldsymbol{b}_{s_1}$ を選んで，$\boldsymbol{a}_1, \cdots, \boldsymbol{a}_r, \boldsymbol{b}_1, \cdots, \boldsymbol{b}_{s_1}$ が V_1 の基底に，また s_2 個の V_2 の元 $\boldsymbol{c}_1, \cdots, \boldsymbol{c}_{s_2}$ を選んで，$\boldsymbol{a}_1, \cdots, \boldsymbol{a}_r, \boldsymbol{c}_1, \cdots, \boldsymbol{c}_{s_2}$ が V_2 の基底にできる．よって，$V_1 + V_2$ の元は

$$u_1\boldsymbol{a}_1 + \cdots + u_r\boldsymbol{a}_r + v_1\boldsymbol{b}_1 + \cdots + v_{s_1}\boldsymbol{b}_{s_1} + w_1\boldsymbol{c}_1 + \cdots + w_{s_2}\boldsymbol{c}_{s_2}$$

と表される．ここで，u_i, v_j, w_k はスカラーである．ところで

$$\boldsymbol{a}_1, \cdots, \boldsymbol{a}_r, \boldsymbol{b}_1, \cdots, \boldsymbol{b}_{s_1}, \boldsymbol{c}_1, \cdots, \boldsymbol{c}_{s_2}$$

は1次独立である．実際，1次関係式

$$u_1\boldsymbol{a}_1 + \cdots + u_r\boldsymbol{a}_r + v_1\boldsymbol{b}_1 + \cdots + v_{s_1}\boldsymbol{b}_{s_1} + w_1\boldsymbol{c}_1 + \cdots + w_{s_2}\boldsymbol{c}_{s_2} = \boldsymbol{0}$$

を考えると

$$u_1\boldsymbol{a}_1 + \cdots + u_r\boldsymbol{a}_r + v_1\boldsymbol{b}_1 + \cdots + v_{s_1}\boldsymbol{b}_{s_1} = -w_1\boldsymbol{c}_1 - \cdots - w_{s_2}\boldsymbol{c}_{s_2}$$

となり，左辺の元は V_1 に，右辺の元は V_2 に属しているので，この元は $V_1 \cap V_2$ に属している．よって

$$-w_1\boldsymbol{c}_1 - \cdots - w_{s_2}\boldsymbol{c}_{s_2} = t_1\boldsymbol{a}_1 + \cdots + t_r\boldsymbol{a}_r$$

と表せるが，$\boldsymbol{a}_1, \cdots, \boldsymbol{a}_r, \boldsymbol{c}_1, \cdots, \boldsymbol{c}_{s_2}$ は V_2 の基底で1次独立であるから

$$w_1 = \cdots = w_{s_2} = 0 \text{ かつ } t_1 = \cdots = t_r = 0$$

でなければいけない．よって，

$$u_1\boldsymbol{a}_1 + \cdots + u_r\boldsymbol{a}_r + v_1\boldsymbol{b}_1 + \cdots + v_{s_1}\boldsymbol{b}_{s_1} = \boldsymbol{0}$$

となり，$\boldsymbol{a}_1, \cdots, \boldsymbol{a}_r, \boldsymbol{b}_1, \cdots, \boldsymbol{b}_{s_1}$ は V_1 の基底で1次独立であるから

$$u_1 = \cdots = u_r = v_1 = \cdots = v_{s_1} = 0$$

を得る．ゆえに，$\boldsymbol{a}_1, \cdots, \boldsymbol{a}_r, \boldsymbol{b}_1, \cdots, \boldsymbol{b}_{s_1}, \boldsymbol{c}_1, \cdots, \boldsymbol{c}_{s_2}$ は 1 次独立になり，和空間 $V_1 + V_2$ の基底になる．よって

$$\begin{aligned}\dim(V_1 + V_2) &= r + s_1 + s_2 \\ &= (r + s_1) + (r + s_2) - r \\ &= \dim V_1 + \dim V_2 - \dim(V_1 \cap V_2)\end{aligned}$$

が成立する．　(証明終)

定義 3.15　V_1, V_2 が $\mathbb{R}^n$ の部分空間で $V_1 \cap V_2 = \{\boldsymbol{0}\}$ を満たすとき，和空間 $V_1 + V_2$ を $V_1 \oplus V_2$ で表し，この和空間を V_1 と V_2 の**直和**と呼ぶ．このとき，定理 3.14 より，

$$\dim(V_1 \oplus V_2) = \dim V_1 + \dim V_2$$

が成立している．

命題 3.16　V を $\mathbb{R}^n$ の部分空間で $V = \langle \boldsymbol{a}_1, \cdots, \boldsymbol{a}_s \rangle$ とすると V の次元は (n, s) 行列 $A = (\boldsymbol{a}_1 \cdots \boldsymbol{a}_s)$ の階数に等しい．

証明.　rank $A = r$ とおく．いま，$r = s$ なら定理 3.6 より $\boldsymbol{a}_1, \cdots, \boldsymbol{a}_s$ は 1 次独立になり，命題 3.8 より

$$\dim V = s = r = \operatorname{rank} A$$

を得る．次に，$r < s$ とすると定理 3.6 より $\boldsymbol{a}_1, \cdots, \boldsymbol{a}_s$ は 1 次従属になり，少なくともこの中の 1 つの元が他の元の 1 次結合で表せる．その 1 つの元を番号をつけ直して $\boldsymbol{a}_s$ とすると $V = \langle \boldsymbol{a}_1, \cdots, \boldsymbol{a}_{s-1} \rangle$ となる．このことを何回か繰り返して $V = \langle \boldsymbol{a}_1, \cdots, \boldsymbol{a}_r \rangle$, $\boldsymbol{a}_1, \cdots, \boldsymbol{a}_r$ は 1 次独立にできる．よって，命題 3.8 と A の階数は列の交換で変わらないことより

$$\dim V = r = \operatorname{rank} A$$

である．　(証明終)

例 3.9　例 3.8 の V_1, V_2 について $\dim V_1$, $\dim V_2$, $\dim(V_1+V_2)$ および $\dim(V_1\cap V_2)$ を求めよ．

解.　$V_1 = \left\langle \begin{pmatrix} 1 \\ -3 \\ -2 \end{pmatrix}, \begin{pmatrix} 2 \\ -2 \\ -1 \end{pmatrix} \right\rangle$, $V_2 = \left\langle \begin{pmatrix} 2 \\ -3 \\ 1 \end{pmatrix}, \begin{pmatrix} 3 \\ -2 \\ 2 \end{pmatrix} \right\rangle$ はともに生成している 2 個の列ベクトルは 1 次独立だから命題 3.8 より

$$\dim V_1 = \dim V_2 = 2$$

である．命題 3.16 を使うなら，$(3,2)$ 行列

$$\begin{pmatrix} 1 & 2 \\ -3 & -2 \\ -2 & -1 \end{pmatrix}, \quad \begin{pmatrix} 2 & 3 \\ -3 & -2 \\ 1 & 2 \end{pmatrix}$$

の階数を計算すれば，ともに 2 であることがわかるので $\dim V_1 = \dim V_2 = 2$ である．また，和空間 V_1+V_2 は $\left\langle \begin{pmatrix} 1 \\ -3 \\ -2 \end{pmatrix}, \begin{pmatrix} 2 \\ -2 \\ -1 \end{pmatrix}, \begin{pmatrix} 2 \\ -3 \\ 1 \end{pmatrix}, \begin{pmatrix} 3 \\ -2 \\ 2 \end{pmatrix} \right\rangle$ になる．よって，V_1+V_2 を生成している $(3,4)$ 行列 A に例 3.8 と同じ行基本変形を行うと

$$A = \begin{pmatrix} 1 & 2 & 2 & 3 \\ -3 & -2 & -3 & -2 \\ -2 & -1 & 1 & 2 \end{pmatrix} \longrightarrow \begin{pmatrix} 1 & 2 & 2 & 3 \\ 0 & 1 & -2 & -1 \\ 0 & 0 & 11 & 11 \end{pmatrix}$$

と変形できるので，$\mathrm{rank}\, A = 3$ である．よって，命題 3.16 によって

$$\dim(V_1+V_2) = 3$$

である．さらに，定理 3.14 によって

$$\dim(V_1\cap V_2) = 2+2-3 = 1$$

である．

問 3.7　次の部分空間 V_1, V_2 について $\dim V_1$, $\dim V_2$, $\dim(V_1+V_2)$ および $\dim(V_1\cap V_2)$ を求めよ．

(1) $V_1 = \left\langle \begin{pmatrix} 1 \\ 0 \\ 1 \end{pmatrix}, \begin{pmatrix} -2 \\ 1 \\ -3 \end{pmatrix} \right\rangle, V_2 = \left\langle \begin{pmatrix} 0 \\ -1 \\ 1 \end{pmatrix}, \begin{pmatrix} 2 \\ -3 \\ 5 \end{pmatrix} \right\rangle$

(2) $V_1 = \left\langle \begin{pmatrix} 2 \\ -1 \\ -1 \\ 1 \end{pmatrix}, \begin{pmatrix} 3 \\ 1 \\ 2 \\ 0 \end{pmatrix} \right\rangle, V_2 = \left\langle \begin{pmatrix} 2 \\ -1 \\ 1 \\ 1 \end{pmatrix}, \begin{pmatrix} 1 \\ 2 \\ 3 \\ -1 \end{pmatrix}, \begin{pmatrix} -1 \\ 3 \\ 0 \\ -2 \end{pmatrix} \right\rangle$

(3) $V_1 = \left\langle \begin{pmatrix} -1 \\ 0 \\ 2 \\ 1 \end{pmatrix}, \begin{pmatrix} 1 \\ -1 \\ -1 \\ -1 \end{pmatrix}, \begin{pmatrix} -3 \\ 2 \\ 4 \\ 3 \end{pmatrix} \right\rangle, V_2 = \left\langle \begin{pmatrix} 2 \\ -2 \\ 3 \\ 1 \end{pmatrix}, \begin{pmatrix} 1 \\ 1 \\ 2 \\ -2 \end{pmatrix} \right\rangle$

3.4 線形写像と行列

この節では，数ベクトル空間の間の写像で数ベクトル空間に定義されている和および数乗法を保存するものについて学ぶ．このような写像の研究には行列が大いに役に立つのである．

定義 3.17　写像 $f : \mathbb{R}^n \longrightarrow \mathbb{R}^m$ が

(1)　任意の $\boldsymbol{x} \in \mathbb{R}^n$ および任意の $\boldsymbol{y} \in \mathbb{R}^n$ について $f(\boldsymbol{x}+\boldsymbol{y}) = f(\boldsymbol{x})+f(\boldsymbol{y})$,

(2)　任意のスカラー c および任意の $\boldsymbol{x} \in \mathbb{R}^n$ について $f(c\boldsymbol{x}) = cf(\boldsymbol{x})$

を満たすとき，f を $\mathbb{R}^n$ から $\mathbb{R}^m$ への**線形写像**または**1 次写像**と呼ぶ．特に $m = n$ のとき f を $\mathbb{R}^n$ の**線形変換**または**1 次変換**と呼ぶ．

命題 3.18　(m, n) 行列 A に対して写像 $f : \mathbb{R}^n \longrightarrow \mathbb{R}^m$ を任意の $\boldsymbol{x} \in \mathbb{R}^n$ に対して $f(\boldsymbol{x}) = A\boldsymbol{x}$ で定める．このとき f は線形写像である．

証明.　$\boldsymbol{x}, \boldsymbol{y} \in \mathbb{R}^n$ に対して

$$f(\boldsymbol{x}+\boldsymbol{y}) = A(\boldsymbol{x}+\boldsymbol{y}) = A\boldsymbol{x} + A\boldsymbol{y} = f(\boldsymbol{x}) + f(\boldsymbol{y})$$

である．また，スカラー c および $\boldsymbol{x} \in \mathbb{R}^n$ に対して

$$f(c\boldsymbol{x}) = A(c\boldsymbol{x}) = c(A\boldsymbol{x}) = cf(\boldsymbol{x})$$

が成立する．よって，f は線形写像である．　(証明終)

命題 3.18 のような線形写像 f を**行列 $\boldsymbol{A}$ によって定まる線形写像**と呼び，f_A と表す．このとき，次のことが成立する．この証明は読者にまかせることにする．

命題 3.19

(1)　A を (m,l) 行列，B を (l,n) 行列としたとき，合成写像 $f_A \circ f_B$ も線形写像で

$$f_A \circ f_B = f_{AB}$$

が成立する．

(2)　A を n 次正則行列としたとき，f_A の逆写像 f_A^{-1} を考えることができ，これはまた線形変換になり，$f_A^{-1} = f_{A^{-1}}$ が成立する．

ところで，次に見るように命題 3.18 の逆も成立し，線形写像は行列に他ならないことがわかる．よりわかりやすくいうならば，線形写像を数値化したものが行列といっていいであろう．

定理 3.20　写像 $f : \mathbb{R}^n \longrightarrow \mathbb{R}^m$ について次は同値である．

(1)　f は線形写像である．

(2)　ある (m,n) 行列 A が存在して，任意の $\boldsymbol{x} \in \mathbb{R}^n$ に対して $f(\boldsymbol{x}) = A\boldsymbol{x}$ である．すなわち，$f = f_A$ である．

証明．　(2) から (1) は命題 3.18 で示した．いま，f を線形写像とする．$\boldsymbol{e}_1$，$\boldsymbol{e}_2, \cdots, \boldsymbol{e}_n$ を $\mathbb{R}^n$ の標準基底として (m,n) 行列 $A = (f(\boldsymbol{e}_1)\ f(\boldsymbol{e}_2)\ \cdots\ f(\boldsymbol{e}_n))$ を考えると，実はこれが求める行列である．実際，任意の n 次元列ベクトル

$\boldsymbol{x} = \begin{pmatrix} x_1 \\ x_2 \\ \vdots \\ x_n \end{pmatrix}$ を標準基底の 1 次結合で表すと

$$\boldsymbol{x} = x_1\boldsymbol{e}_1 + x_2\boldsymbol{e}_2 + \cdots + x_n\boldsymbol{e}_n$$

である．よって，f は線形写像であるから

$$\begin{aligned} f(\boldsymbol{x}) &= f(x_1\boldsymbol{e}_1 + x_2\boldsymbol{e}_2 + \cdots + x_n\boldsymbol{e}_n) \\ &= x_1 f(\boldsymbol{e}_1) + x_2 f(\boldsymbol{e}_2) + \cdots + x_n f(\boldsymbol{e}_n) \\ &= (f(\boldsymbol{e}_1)\ f(\boldsymbol{e}_2)\ \cdots\ f(\boldsymbol{e}_n)) \begin{pmatrix} x_1 \\ x_2 \\ \vdots \\ x_n \end{pmatrix} = A\boldsymbol{x} = f_A(\boldsymbol{x}) \end{aligned}$$

となるので，$f = f_A$ である． (証明終)

よって，線形写像 f に対して $f = f_A$ となる行列 A を**線形写像 $\boldsymbol{f}$ の行列**と呼ぶことにする．

例 3.10

(1) $\mathbb{R}^2$ の標準基底 $\boldsymbol{e}_1, \boldsymbol{e}_2$ に関して $f(\boldsymbol{e}_1) = \begin{pmatrix} \cos\theta \\ \sin\theta \end{pmatrix}$, $f(\boldsymbol{e}_2) = \begin{pmatrix} -\sin\theta \\ \cos\theta \end{pmatrix}$ である線形変換 $f : \mathbb{R}^2 \longrightarrow \mathbb{R}^2$ の行列 A は $\begin{pmatrix} \cos\theta & -\sin\theta \\ \sin\theta & \cos\theta \end{pmatrix}$ である．

$\mathbb{R}^2$ を平面上の点全体と同一視すると任意の点 $\boldsymbol{x} = \begin{pmatrix} x \\ y \end{pmatrix}$ に対して点 $f(\boldsymbol{x})$ は点 $\boldsymbol{x}$ を原点のまわりに θ ラジアン回転したものである．よって，この f を**回転の写像**，この A を**回転の行列**と呼ぶ．

(2) 線形変換 $f : \mathbb{R}^3 \longrightarrow \mathbb{R}^3$ は $\boldsymbol{a}_1 = \begin{pmatrix} 1 \\ 0 \\ -1 \end{pmatrix}$, $\boldsymbol{a}_2 = \begin{pmatrix} 1 \\ 0 \\ 1 \end{pmatrix}$, $\boldsymbol{a}_3 = \begin{pmatrix} -1 \\ 1 \\ 1 \end{pmatrix}$ を

それぞれ $\begin{pmatrix} 2 \\ -1 \\ 0 \end{pmatrix}, \begin{pmatrix} 6 \\ 3 \\ -4 \end{pmatrix}, \begin{pmatrix} -1 \\ 1 \\ 3 \end{pmatrix}$ に写すという．このとき，

$$\boldsymbol{e}_1 = \frac{1}{2}(\boldsymbol{a}_1 + \boldsymbol{a}_2),\ \boldsymbol{e}_2 = \boldsymbol{a}_1 + \boldsymbol{a}_3,\ \boldsymbol{e}_3 = -\frac{1}{2}(\boldsymbol{a}_1 - \boldsymbol{a}_2)$$

だから

$$f(\boldsymbol{e}_1) = \frac{1}{2}(f(\boldsymbol{a}_1) + f(\boldsymbol{a}_2)) = \begin{pmatrix} 4 \\ 1 \\ -2 \end{pmatrix}, f(\boldsymbol{e}_2) = f(\boldsymbol{a}_1) + f(\boldsymbol{a}_3) = \begin{pmatrix} 1 \\ 0 \\ 3 \end{pmatrix},$$

$$f(\boldsymbol{e}_3) = -\frac{1}{2}(f(\boldsymbol{a}_1) - f(\boldsymbol{a}_2)) = \begin{pmatrix} 2 \\ 2 \\ -2 \end{pmatrix}$$

となるので f の行列 A は $\begin{pmatrix} 4 & 1 & 2 \\ 1 & 0 & 2 \\ -2 & 3 & -2 \end{pmatrix}$ である．よって，

$$f(\begin{pmatrix} 1 \\ 2 \\ -3 \end{pmatrix}) = \begin{pmatrix} 4 & 1 & 2 \\ 1 & 0 & 2 \\ -2 & 3 & -2 \end{pmatrix}\begin{pmatrix} 1 \\ 2 \\ -3 \end{pmatrix} = \begin{pmatrix} 0 \\ -5 \\ 10 \end{pmatrix}$$

である．

問 3.8

(1)　線形写像 $f : \mathbb{R}^2 \longrightarrow \mathbb{R}^2$ は $\boldsymbol{a}_1 = \begin{pmatrix} -3 \\ 1 \end{pmatrix}, \boldsymbol{a}_2 = \begin{pmatrix} 3 \\ 0 \end{pmatrix}$ をそれぞれ $\begin{pmatrix} 1 \\ -2 \end{pmatrix}$, $\begin{pmatrix} -6 \\ 3 \end{pmatrix}$ に写すという．このとき，f の行列を求めよ．また，$f(\begin{pmatrix} 5 \\ -1 \end{pmatrix})$ を求めよ．

(2)　線形変換 $f : \mathbb{R}^3 \longrightarrow \mathbb{R}^3$ は $\boldsymbol{a}_1 = \begin{pmatrix} 1 \\ 1 \\ 1 \end{pmatrix}, \boldsymbol{a}_2 = \begin{pmatrix} 0 \\ 1 \\ 1 \end{pmatrix}, \boldsymbol{a}_3 = \begin{pmatrix} 2 \\ 0 \\ 2 \end{pmatrix}$ をそ

れぞれ $\begin{pmatrix} 1 \\ 0 \\ -1 \end{pmatrix}$, $\begin{pmatrix} 3 \\ -2 \\ 0 \end{pmatrix}$, $\begin{pmatrix} -2 \\ 6 \\ 2 \end{pmatrix}$ に写すという．このとき，f の行列を求めよ．また，$f(\begin{pmatrix} 3 \\ -2 \\ -1 \end{pmatrix})$ を求めよ．

定義 3.21 $f : \mathbb{R}^n \longrightarrow \mathbb{R}^m$ を線形写像としたとき $f(\boldsymbol{x}) = \mathbf{0}$ となるすべての $\mathbb{R}^n$ の元 $\boldsymbol{x}$, すなわち集合

$$\{\boldsymbol{x} \in \mathbb{R}^n \mid f(\boldsymbol{x}) = \mathbf{0}\}$$

を f の**核** (Kernel) と呼び，Ker f または $f^{-1}(\mathbf{0})$ で表す．また，f によって写されてきた $\mathbb{R}^m$ のすべての元, すなわち集合

$$\{f(\boldsymbol{x}) \mid \boldsymbol{x} \in \mathbb{R}^n\}$$

を f の**像** (Image) と呼び，Im f または $f(\mathbb{R}^n)$ で表す．

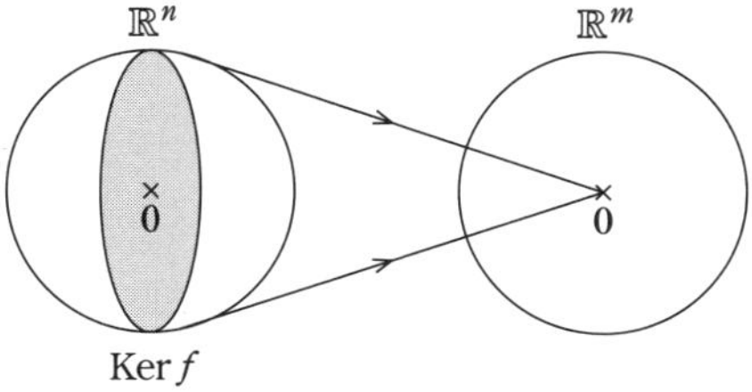

図 3.2 線形写像 f の核 Ker f

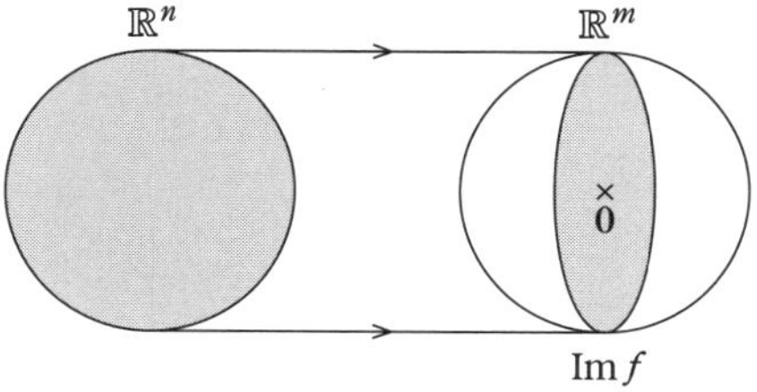

図 3.3 線形写像 f の像 Im f

この核や像は部分空間になり，その線形写像の行列で表されるので，具体的に求めることができる．

> **命題 3.22**　$f:\mathbb{R}^n \longrightarrow \mathbb{R}^m$ を線形写像としたとき，$\mathrm{Ker}\, f$ は $\mathbb{R}^n$ の部分空間であり，$\mathrm{Im}\, f$ は $\mathbb{R}^m$ の部分空間である．

証明.　ここでは，$\mathrm{Im}\, f$ が $\mathbb{R}^m$ の部分空間になることを示す．$\mathrm{Ker}\, f$ については，各自試みて欲しい．

いま，$\boldsymbol{y} \in \mathrm{Im}\, f$ をとると，ある $\mathbb{R}^n$ の元 $\boldsymbol{x}$ が存在して $\boldsymbol{y} = f(\boldsymbol{x})$ である．スカラー c に対しては

$$c\boldsymbol{y} = cf(\boldsymbol{x}) = f(c\boldsymbol{x})$$

となるので $c\boldsymbol{y} \in \mathrm{Im}\, f$ である．また，もう1つ $\boldsymbol{y}' \in \mathrm{Im}\, f$ をとる，すなわち $f(\boldsymbol{x}') = \boldsymbol{y}'$ とすると

$$\boldsymbol{y} + \boldsymbol{y}' = f(\boldsymbol{x}) + f(\boldsymbol{x}') = f(\boldsymbol{x} + \boldsymbol{x}')$$

であるので $\boldsymbol{y} + \boldsymbol{y}'$ もまた $\mathrm{Im}\, f$ の元である．よって，$\mathrm{Im}\, f$ も部分空間である．　(証明終)

注意.　A を線形写像 $f:\mathbb{R}^n \longrightarrow \mathbb{R}^m$ の行列とすると

$$\mathrm{Ker}\, f = \{\boldsymbol{x} \in \mathbb{R}^n \mid A\boldsymbol{x} = \boldsymbol{0}\}$$

である．よって，$\mathrm{Ker}\, f$ は同次連立1次方程式 $A\boldsymbol{x} = \boldsymbol{0}$ の解全体に他ならない．また，

$$\begin{aligned} \mathrm{Im}\, f &= f(\mathbb{R}^n) = f(\langle \boldsymbol{e}_1, \boldsymbol{e}_2, \cdots, \boldsymbol{e}_n \rangle) \\ &= \langle f(\boldsymbol{e}_1), f(\boldsymbol{e}_2), \cdots, f(\boldsymbol{e}_n) \rangle = \langle \boldsymbol{a}_1, \boldsymbol{a}_2, \cdots, \boldsymbol{a}_n \rangle, \end{aligned}$$

ただし，$A = (\boldsymbol{a}_1\ \boldsymbol{a}_2\ \cdots\ \boldsymbol{a}_n)$ である．すなわち，$\mathrm{Im}\, f$ は f の行列 A の列ベクトルで生成される部分空間である．

例 3.11

線形変換 $f:\mathbb{R}^3 \longrightarrow \mathbb{R}^3$ の行列を $A=\begin{pmatrix}1&2&3\\4&5&6\\7&8&9\end{pmatrix}$ とすると前の注意より Ker f は同次連立 1 次方程式 $A\begin{pmatrix}x_1\\x_2\\x_3\end{pmatrix}=\mathbf{0}$, すなわち,

$$\begin{cases} x_1+2x_2+3x_3=0\\ 4x_1+5x_2+6x_3=0\\ 7x_1+8x_2+9x_3=0\end{cases}$$

の解全体である．よって，例 1.14 より Ker $f=\left\langle\begin{pmatrix}1\\-2\\1\end{pmatrix}\right\rangle$ になる．また，前の注意より Im $f=\left\langle\begin{pmatrix}1\\4\\7\end{pmatrix},\begin{pmatrix}2\\5\\8\end{pmatrix},\begin{pmatrix}3\\6\\9\end{pmatrix}\right\rangle$ である．ところで

$$\begin{pmatrix}3\\6\\9\end{pmatrix}=-\begin{pmatrix}1\\4\\7\end{pmatrix}+2\begin{pmatrix}2\\5\\8\end{pmatrix}$$

であるので，Im $f=\left\langle\begin{pmatrix}1\\4\\7\end{pmatrix},\begin{pmatrix}2\\5\\8\end{pmatrix}\right\rangle$ である．

問 3.9　次の行列 A によって定まる線形写像 f_A の核および像を求めよ．

(1) $A=\begin{pmatrix}1&1&-2\\1&-2&1\\-2&1&1\end{pmatrix}$　(2) $A=\begin{pmatrix}1&1&-2&-3\\2&1&-1&-5\\2&3&-7&-7\end{pmatrix}$

線形写像の核と像の次元は，線形写像の行列の階数で表すことができ，それらの次元の間には重要な関係式が成立する．

定理 3.23　$f : \mathbb{R}^n \longrightarrow \mathbb{R}^m$ を線形写像，A を f の行列とすると

$$\dim \mathrm{Im}\, f = \mathrm{rank}\, A, \quad \dim \mathrm{Ker}\, f = n - \mathrm{rank}\, A$$

が成立する．よって，関係式

$$\dim \mathrm{Ker}\, f + \dim \mathrm{Im}\, f = n$$

を得る．

証明.　$A = (\boldsymbol{a}_1\ \boldsymbol{a}_2\ \cdots\ \boldsymbol{a}_n)$ とすると命題 3.22 の後の注意より $\mathrm{Im}\, f = \langle \boldsymbol{a}_1, \boldsymbol{a}_2, \cdots, \boldsymbol{a}_n \rangle$ であるので，命題 3.16 より，$\dim \mathrm{Im}\, f = \mathrm{rank}\, A$ が成立する．

また，$\mathrm{Ker}\, f$ は連立1次方程式 $A \begin{pmatrix} x_1 \\ x_2 \\ \vdots \\ x_n \end{pmatrix} = \boldsymbol{0}$ の解全体である．ところで定理 1.20 の前で述べられていることから，これは $n - \mathrm{rank}\, A$ 個の列ベクトル

$$\begin{pmatrix} -c_{1r+1} \\ -c_{2r+1} \\ \vdots \\ -c_{rr+1} \\ 1 \\ 0 \\ \vdots \\ 0 \end{pmatrix}, \begin{pmatrix} -c_{1r+2} \\ -c_{2r+2} \\ \vdots \\ -c_{rr+2} \\ 0 \\ 1 \\ \vdots \\ 0 \end{pmatrix}, \cdots, \begin{pmatrix} -c_{1n} \\ -c_{2n} \\ \vdots \\ -c_{rn} \\ 0 \\ \vdots \\ 0 \\ 1 \end{pmatrix}$$

で生成される部分空間である．ここで，r は $\mathrm{rank}\, A$ である．これらの $n-r$ 個の列ベクトルは1次独立であることが容易に確かめられるので

$$\dim \mathrm{Ker}\, f = n - r = n - \mathrm{rank}\, A$$

となる．　(証明終)

例 3.12

行列 $A = \begin{pmatrix} 1 & 2 & 3 & 4 \\ 5 & 6 & 7 & 8 \\ 9 & 10 & 11 & 12 \end{pmatrix}$ によって定まる線形写像 $f_A : \mathbb{R}^4 \longrightarrow \mathbb{R}^3$ を考える．このとき 例 1.10 より $\mathrm{rank}\, A = 2$ であるので，定理 3.23 より

$$\dim \mathrm{Im}\, f_A = 2, \quad \dim \mathrm{Ker}\, f_A = 4 - 2 = 2$$

がわかる．

問 3.10　次の行列 A によって定まる線形写像 f_A の核および像の次元を求めよ．

(1) $A = \begin{pmatrix} 1 & 2 & 3 & 4 & 5 \\ 2 & 5 & 6 & 8 & 10 \end{pmatrix}$　(2) $A = \begin{pmatrix} 1 & 0 & 2 & -2 \\ 0 & -1 & 3 & -1 \\ 1 & 2 & 0 & 0 \\ -1 & 3 & 5 & 5 \\ -1 & 2 & 8 & 4 \end{pmatrix}$

3.5 内積と直交変換

この節では，数ベクトル空間を幾何学的にとらえるために列ベクトルに長さを，そして 2 つの列ベクトルにはそのなす角を定義する．また，その長さと角を変えない線形変換およびその行列について学ぶ．

定義 3.24　2 つの n 次元列ベクトル $\boldsymbol{x} = \begin{pmatrix} x_1 \\ x_2 \\ \vdots \\ x_n \end{pmatrix}, \boldsymbol{y} = \begin{pmatrix} y_1 \\ y_2 \\ \vdots \\ y_n \end{pmatrix}$ に対して

$${}^t\boldsymbol{x}\boldsymbol{y} = (x_1\ x_2\ \cdots\ x_n) \begin{pmatrix} y_1 \\ y_2 \\ \vdots \\ y_n \end{pmatrix} = x_1y_1 + x_2y_2 + \cdots + x_ny_n$$

を $\boldsymbol{x}$ と $\boldsymbol{y}$ の**内積**と呼び，$(\boldsymbol{x}, \boldsymbol{y})$ と表す．

次にこの内積の性質を調べてみることにする．

命題 3.25　2つの n 次元列ベクトル $\boldsymbol{x}$, $\boldsymbol{y}$ に対して次のことが成立する．

(1)　$(\boldsymbol{x}, \boldsymbol{x}) \geqq 0$ であり，等号が成立するのは $\boldsymbol{x} = \boldsymbol{0}$ のときに限る．

(2)　$(\boldsymbol{x}, \boldsymbol{y}) = (\boldsymbol{y}, \boldsymbol{x})$.

(3)　c をスカラーとしたとき

$$(c\boldsymbol{x}, \boldsymbol{y}) = (\boldsymbol{x}, c\boldsymbol{y}) = c(\boldsymbol{x}, \boldsymbol{y})$$

である．

(4)　$\boldsymbol{x}'$, $\boldsymbol{y}'$ を n 次元列ベクトルとしたとき

$$(\boldsymbol{x} + \boldsymbol{x}', \boldsymbol{y}) = (\boldsymbol{x}, \boldsymbol{y}) + (\boldsymbol{x}', \boldsymbol{y}) \quad (\boldsymbol{x}, \boldsymbol{y} + \boldsymbol{y}') = (\boldsymbol{x}, \boldsymbol{y}) + (\boldsymbol{x}, \boldsymbol{y}')$$

である．

この証明は読者にまかせることにする．

これから内積を使って，列ベクトルの長さおよび2つの列ベクトルのなす角を定義する．

定義 3.26　任意の n 次元列ベクトル $\boldsymbol{x} = \begin{pmatrix} x_1 \\ x_2 \\ \vdots \\ x_n \end{pmatrix}$ に対して

$$\sqrt{(\boldsymbol{x}, \boldsymbol{x})} = \sqrt{{}^t\boldsymbol{x}\boldsymbol{x}} = \sqrt{{x_1}^2 + {x_2}^2 + \cdots + {x_n}^2}$$

を $\boldsymbol{x}$ の**長さ**または**絶対値**と呼び，$|\boldsymbol{x}|$ で表す．

注意．　上記の長さの定義は $\mathbb{R}^1$ を直線上の点全体，$\mathbb{R}^2$ を平面上の点全体，$\mathbb{R}^3$ を空間内の点全体と，それぞれ同一視したとき，$|\boldsymbol{x}|$ は高校時代で学んだように原点 $\boldsymbol{0}$ からの距離，すなわち $\boldsymbol{0}$ と $\boldsymbol{x}$ を結んだ線分の長さになっている．

よって，これは幾何学的直感の長さと一致している．

次の補題が証明できれば，この長さが 4 次元以上でも長さの基本的な性質を満たしていることが証明できる．また，2 つの列ベクトルのなす角を余弦関数を使うことで 4 次元以上でも定義できる．

補題 3.27 (シュワルツの不等式) 2 つの n 次元列ベクトル $\boldsymbol{x}, \boldsymbol{y}$ に対して

$$-|\boldsymbol{x}||\boldsymbol{y}| \leqq (\boldsymbol{x}, \boldsymbol{y}) \leqq |\boldsymbol{x}||\boldsymbol{y}|$$

が成立する．等号が成立するのは，$\boldsymbol{x} = \boldsymbol{0}$ または $\boldsymbol{y}$ が $\boldsymbol{x}$ の何倍かになっているときに限る．

証明． $\boldsymbol{x} = \boldsymbol{0}$ のときは，等号が成り立つ．よって，$\boldsymbol{x} \neq \boldsymbol{0}$ とする．すべての実数 t に対して命題 3.25 より

$$\begin{aligned} 0 &\leqq (t\boldsymbol{x} + \boldsymbol{y}, t\boldsymbol{x} + \boldsymbol{y}) = t^2(\boldsymbol{x}, \boldsymbol{x}) + 2t(\boldsymbol{x}, \boldsymbol{y}) + (\boldsymbol{y}, \boldsymbol{y}) \\ &= |\boldsymbol{x}|^2 t^2 + 2(\boldsymbol{x}, \boldsymbol{y})t + |\boldsymbol{y}|^2 \end{aligned}$$

が成り立つ．よって，t に関する 2 次式とみたとき常に正または 0 であるので，その判別式が負または 0, すなわち

$$(\boldsymbol{x}, \boldsymbol{y})^2 - |\boldsymbol{x}|^2|\boldsymbol{y}|^2 \leqq 0$$

でなければいけない．ゆえに

$$-|\boldsymbol{x}||\boldsymbol{y}| \leqq (\boldsymbol{x}, \boldsymbol{y}) \leqq |\boldsymbol{x}||\boldsymbol{y}|$$

を得る．等号が成立するのは，判別式が 0 のとき，すなわち

$$(t\boldsymbol{x} + \boldsymbol{y}, t\boldsymbol{x} + \boldsymbol{y}) = 0$$

となる実数 t が存在するときである．命題 3.25 (1) より，そのような t に対して $\boldsymbol{y} = -t\boldsymbol{x}$ が成立している． (証明終)

このシュワルツの不等式を使うと，長さの基本的な性質「三角形の 1 辺の長さは他の 2 辺の長さの和より小さい」に相当する次の不等式が証明できる．

命題 3.28　(三角不等式)　2つの n 次元列ベクトル $\boldsymbol{x}, \boldsymbol{y}$ に対して

$$|\boldsymbol{x}+\boldsymbol{y}| \leqq |\boldsymbol{x}|+|\boldsymbol{y}|$$

が成立する．等号が成立するのは，$\boldsymbol{x}=\boldsymbol{0}$ または $\boldsymbol{y}$ が $\boldsymbol{x}$ の負でない数の何倍かになっているときに限る．

証明．　補題 3.27 より

$$(|\boldsymbol{x}|+|\boldsymbol{y}|)^2-|\boldsymbol{x}+\boldsymbol{y}|^2$$

$$=|\boldsymbol{x}|^2+2|\boldsymbol{x}||\boldsymbol{y}|+|\boldsymbol{y}|^2-(\boldsymbol{x}+\boldsymbol{y},\boldsymbol{x}+\boldsymbol{y})=2(|\boldsymbol{x}||\boldsymbol{y}|-(\boldsymbol{x},\boldsymbol{y}))\geqq 0$$

を得る．また，等号が成立するのは，補題 3.27 より $\boldsymbol{x}=\boldsymbol{0}$ または $\boldsymbol{y}$ が $\boldsymbol{x}$ の負でない数の何倍かになっているときに限る．　(証明終)

定義 3.29　零ベクトルでない2つの n 次元列ベクトル $\boldsymbol{x}, \boldsymbol{y}$ に対して

$$\cos\theta=\frac{(\boldsymbol{x},\boldsymbol{y})}{|\boldsymbol{x}||\boldsymbol{y}|}$$

となる $0\leqq\theta\leqq\pi$ を満たす θ を $\boldsymbol{x}$ と $\boldsymbol{y}$ とのなす**角**と呼ぶ．シュワルツの不等式から，$-1\leqq\dfrac{(\boldsymbol{x},\boldsymbol{y})}{|\boldsymbol{x}||\boldsymbol{y}|}\leqq 1$ が成立するので，このような θ が決まるのである．

注意．　$\mathbb{R}^2$ を平面上の点全体と同一視したとき，零ベクトルでない2つの2次元列ベクトル $\boldsymbol{x}, \boldsymbol{y}$ に対して線分 $\boldsymbol{0x}$ と線分 $\boldsymbol{0y}$ とのなす角 θ は

$$(\boldsymbol{x},\boldsymbol{y})={}^t\boldsymbol{x}\boldsymbol{y}=|\boldsymbol{x}||\boldsymbol{y}|\cos\theta$$

を満たすことを高校時代に学んでいる．よって，2次元においては幾何学的直感の角と一致している．それゆえ，3次元以上においても角を上記のように定義するのが妥当であろう．実際，3次元の場合も余弦定理より2次元と同様のことが成立している．

特になす角が直角のとき，すなわち $\theta=\dfrac{\pi}{2}$ のとき内積が0になるので次の

ような定義をする．

定義 3.30 零ベクトルでない 2 つの n 次元列ベクトル $\boldsymbol{x}$, $\boldsymbol{y}$ が $(\boldsymbol{x}, \boldsymbol{y}) = 0$ を満たすとき $\boldsymbol{x}$ と $\boldsymbol{y}$ とは**直交する**という．

例 3.13

(1) 任意の実数 θ に対して $\boldsymbol{x} = \begin{pmatrix} \cos\theta \\ \sin\theta \end{pmatrix}$ と $\boldsymbol{y} = \begin{pmatrix} -\sin\theta \\ \cos\theta \end{pmatrix}$ とは直交する．しかもそれらの長さは 1 である．実際，

$$(\boldsymbol{x}, \boldsymbol{y}) = -\cos\theta \sin\theta + \sin\theta \cos\theta = 0$$

かつ

$$|\boldsymbol{x}| = \sqrt{(\boldsymbol{x}, \boldsymbol{x})} = \sqrt{\cos^2\theta + \sin^2\theta} = 1,\ |\boldsymbol{y}| = \sqrt{(\boldsymbol{y}, \boldsymbol{y})} = 1$$

である．

(2) 3 次元列ベクトル $\boldsymbol{x} = \dfrac{1}{\sqrt{3}}\begin{pmatrix} 1 \\ 1 \\ 1 \end{pmatrix}$ と $\boldsymbol{y} = \dfrac{1}{\sqrt{2}}\begin{pmatrix} 1 \\ 0 \\ -1 \end{pmatrix}$ とは直交し，しかもそれらの長さは 1 である．

(3) 4 次元列ベクトル $\boldsymbol{x} = \begin{pmatrix} 1 \\ -1 \\ -1 \\ 1 \end{pmatrix}$, $\boldsymbol{y} = \begin{pmatrix} 3 \\ 2 \\ -5 \\ -6 \end{pmatrix}$ の長さは，それぞれ 2, $\sqrt{74}$ である．また，$\boldsymbol{x}$ と $\boldsymbol{y}$ とは直交する．

例 3.14 3 次元列ベクトル $\boldsymbol{a} = \begin{pmatrix} a_1 \\ a_2 \\ a_3 \end{pmatrix}$, $\boldsymbol{b} = \begin{pmatrix} b_1 \\ b_2 \\ b_3 \end{pmatrix}$ およびその外積 $\boldsymbol{a} \wedge \boldsymbol{b}$ に対して

$$(\boldsymbol{a} \wedge \boldsymbol{b}, \boldsymbol{a}) = 0 \text{ かつ } (\boldsymbol{a} \wedge \boldsymbol{b}, \boldsymbol{b}) = 0$$

が成立する．実際，定義 2.18 および定理 2.11 (1) を使うと

$$(\boldsymbol{a}\wedge\boldsymbol{b},\boldsymbol{a}) = a_1\begin{vmatrix} a_2 & b_2 \\ a_3 & b_3 \end{vmatrix} + a_2\begin{vmatrix} a_3 & b_3 \\ a_1 & b_1 \end{vmatrix} + a_3\begin{vmatrix} a_1 & b_1 \\ a_2 & b_2 \end{vmatrix}$$

$$= \begin{vmatrix} a_1 & a_1 & b_1 \\ a_2 & a_2 & b_2 \\ a_3 & a_3 & b_3 \end{vmatrix} = 0$$

となる．同様にして

$$(\boldsymbol{a}\wedge\boldsymbol{b},\boldsymbol{b}) = 0$$

も示すことができる．

問 3.11　次の問に答えよ．

(1)　2 次元列ベクトル $\boldsymbol{x} = \dfrac{1}{\sqrt{2}}\begin{pmatrix} 1 \\ \sqrt{2}a \end{pmatrix}$ と $\boldsymbol{y} = \begin{pmatrix} a \\ b \end{pmatrix}$ とは直交し，しかもその長さはともに 1 であるという．このとき a と b を求めよ．

(2)　4 次元列ベクトル $\boldsymbol{x} = \begin{pmatrix} 1 \\ a \\ a \\ b \end{pmatrix}, \boldsymbol{y} = \begin{pmatrix} a \\ b \\ b \\ a \end{pmatrix}$ の長さは，それぞれ $2, \dfrac{2\sqrt{7}}{3}$ で，直交しているという．このときの a, b を求めよ．

次に線形変換 $f : \mathbb{R}^n \longrightarrow \mathbb{R}^n$ で長さや角という幾何学的性質を変えないものについて調べてみよう．定義 3.26 および 定義 3.29 より，これは内積を変えないものであればよい．

定理 3.31　A を線形変換 $f : \mathbb{R}^n \longrightarrow \mathbb{R}^n$ の行列としたとき次は同値である．

(1)　すべての n 次元列ベクトル $\boldsymbol{x}$, $\boldsymbol{y}$ に対して

$$(f(\boldsymbol{x}), f(\boldsymbol{y})) = (\boldsymbol{x}, \boldsymbol{y})$$

である．

(2)　${}^tAA = E_n$ である．

証明. (2) を仮定すると

$$\begin{aligned}(f(\boldsymbol{x}), f(\boldsymbol{y})) &= (A\boldsymbol{x}, A\boldsymbol{y}) = {}^t(A\boldsymbol{x})A\boldsymbol{y} \\ &= {}^t\boldsymbol{x}({}^tAA)\boldsymbol{y} = {}^t\boldsymbol{x}E_n\boldsymbol{y} = {}^t\boldsymbol{x}\boldsymbol{y} = (\boldsymbol{x}, \boldsymbol{y})\end{aligned}$$

であるので，(1) が示された．

逆に (1) を仮定すると，すべての $\mathbb{R}^n$ の元 $\boldsymbol{x}$, $\boldsymbol{y}$ について

$$0 = {}^t(A\boldsymbol{x})A\boldsymbol{y} - {}^t\boldsymbol{x}\boldsymbol{y} = {}^t\boldsymbol{x}({}^tAA)\boldsymbol{y} - {}^t\boldsymbol{x}E_n\boldsymbol{y} = {}^t\boldsymbol{x}({}^tAA - E_n)\boldsymbol{y}$$

である．いま，$B = {}^tAA - E_n$ とおいたとき，B が零行列 $O_{n,n}$ であることを示せばよい．ここで，b_{ij} を B の (i, j) 成分，$\boldsymbol{e}_1$, $\boldsymbol{e}_2$, $\cdots$, $\boldsymbol{e}_n$ を $\mathbb{R}^n$ の標準基底とすると，すべての $i = 1, 2, \cdots, n$ およびすべての $j = 1, 2, \cdots, n$ について

$$0 = {}^t\boldsymbol{e}_iB\boldsymbol{e}_j = (b_{i1}b_{i2}\cdots b_{in})\boldsymbol{e}_j = b_{ij}$$

であるので $B = O_{n,n}$ である．すなわち，${}^tAA = E_n$ となり，(2) が示された．(証明終)

定義 3.32 n 次行列 A が ${}^tAA = E_n$ を満たすとき A を **直交行列**と呼ぶ．また A によって定まる線形変換 $f_A : \mathbb{R}^n \longrightarrow \mathbb{R}^n$ を**直交変換**と呼ぶ．この線形変換は内積を変えない，すなわち長さおよび角を変えないのである．

注意. $M = (\boldsymbol{m}_1\ \boldsymbol{m}_2\ \cdots\ \boldsymbol{m}_n)$ を n 次直交行列としたとき

$$\begin{aligned}E_n = {}^tMM &= \begin{pmatrix} {}^t\boldsymbol{m}_1 \\ {}^t\boldsymbol{m}_2 \\ \cdots \\ {}^t\boldsymbol{m}_n \end{pmatrix} (\boldsymbol{m}_1\ \boldsymbol{m}_2\ \cdots\ \boldsymbol{m}_n) \\ &= \begin{pmatrix} {}^t\boldsymbol{m}_1\boldsymbol{m}_1 & {}^t\boldsymbol{m}_1\boldsymbol{m}_2 & \cdots & {}^t\boldsymbol{m}_1\boldsymbol{m}_n \\ {}^t\boldsymbol{m}_2\boldsymbol{m}_1 & {}^t\boldsymbol{m}_2\boldsymbol{m}_2 & \cdots & {}^t\boldsymbol{m}_2\boldsymbol{m}_n \\ \vdots & \vdots & \ddots & \vdots \\ {}^t\boldsymbol{m}_n\boldsymbol{m}_1 & {}^t\boldsymbol{m}_n\boldsymbol{m}_2 & \cdots & {}^t\boldsymbol{m}_n\boldsymbol{m}_n \end{pmatrix}\end{aligned}$$

であるので $i \neq j$ ならば

$$0 = {}^t\boldsymbol{m}_i\boldsymbol{m}_j = (\boldsymbol{m}_i, \boldsymbol{m}_j)$$

である．よって，M の列ベクトルは直交する．このような理由から M を直交行列と呼ぶのである．

例 3.15

(1)　単位行列 E_n は直交行列である．

(2)　$\begin{pmatrix} 1 & 0 \\ 0 & -1 \end{pmatrix}$ は直交行列である．

(3)　例 3.13 (1) より $\begin{pmatrix} \cos\theta & -\sin\theta \\ \sin\theta & \cos\theta \end{pmatrix}$ も直交行列であることがわかる．

(4)　(3) より 3 次行列 $\begin{pmatrix} 1 & 0 & 0 \\ 0 & \cos\theta & -\sin\theta \\ 0 & \sin\theta & \cos\theta \end{pmatrix}$ は直交行列であることがわかる．

問 3.12　次の行列が直交行列であることを示せ．

(1) $\dfrac{1}{3}\begin{pmatrix} 1 & 2 & 2 \\ -2 & -1 & 2 \\ 2 & -2 & 1 \end{pmatrix}$　(2) $\begin{pmatrix} \sin\theta\cos\varphi & \cos\theta\cos\varphi & -\sin\varphi \\ \sin\theta\sin\varphi & \cos\theta\sin\varphi & \cos\varphi \\ \cos\theta & -\sin\theta & 0 \end{pmatrix}$

問 3.13　M が直交行列のとき ${}^tMM = E_n$ であるので，M は正則行列で，その逆行列は ${}^tM$ である．このことを使って，問 3.12 (1), (2) の逆行列を求めよ．

3.6　正規直交基底とシュミットの直交化

部分空間の基底，すなわち部分空間の座標を考えるときには，扱いやすい，また幾何学的にわかりやすいものであるほうがよい．基底を与えるような列ベクトルが与えられたとき，幾何学的によい性質をもったものは次のようなものである．

定義 3.33 $\mathbb{R}^n$ の元 $\boldsymbol{a}_1, \boldsymbol{a}_2, \cdots, \boldsymbol{a}_r$ が互いに直交していて，しかも長さが 1 のときに，$\boldsymbol{a}_1, \boldsymbol{a}_2, \cdots, \boldsymbol{a}_r$ は**正規直交系**をなすという．

例 3.16

(1) $\mathbb{R}^2$ の元 $\dfrac{1}{\sqrt{2}}\begin{pmatrix} 1 \\ -1 \end{pmatrix}$ は，長さが 1 なので正規直交系をなす．

(2) $\mathbb{R}^3$ の元 $\dfrac{1}{\sqrt{2}}\begin{pmatrix} 1 \\ 0 \\ 1 \end{pmatrix}, \dfrac{1}{\sqrt{34}}\begin{pmatrix} 3 \\ -4 \\ -3 \end{pmatrix}$ は，直交していて長さが 1 であるので正規直交系をなす．

(3) $\mathbb{R}^4$ の元 $\dfrac{1}{2}\begin{pmatrix} 1 \\ 1 \\ -1 \\ 1 \end{pmatrix}, \dfrac{1}{\sqrt{6}}\begin{pmatrix} 1 \\ 1 \\ 0 \\ -2 \end{pmatrix}, \dfrac{1}{\sqrt{14}}\begin{pmatrix} 2 \\ 0 \\ 3 \\ 1 \end{pmatrix}$ は，互いに直交していて長さが 1 であるので正規直交系をなす．

幾何学的によい性質をもっていて扱いやすい部分空間の基底とは次の性質を満たすものである．

定義 3.34 V を $\mathbb{R}^n$ の部分空間とする．このとき，正規直交系をなしている V の基底を V の**正規直交基底**と呼ぶ．

部分空間の正規直交基底を内積を使って言い換えるために次の準備をする．

補題 3.35 V を r 次元の $\mathbb{R}^n$ の部分空間とし，$\boldsymbol{a}_1, \boldsymbol{a}_2, \cdots, \boldsymbol{a}_r$ を r 個の 1 次独立な V の元とする．このとき $\boldsymbol{a}_1, \boldsymbol{a}_2, \cdots, \boldsymbol{a}_r$ は V の基底となる．

証明. 定理 3.9 の証明の方法を使えばよいので，各自試みて欲しい．

(証明終)

補題 3.36　$\boldsymbol{a}_1, \boldsymbol{a}_2, \cdots, \boldsymbol{a}_r$ は互いに直交している n 次元列ベクトル，すなわち $i \neq j$ となる任意の i, j について $(\boldsymbol{a}_i, \boldsymbol{a}_j) = 0$ であるならば，$\boldsymbol{a}_1, \boldsymbol{a}_2, \cdots, \boldsymbol{a}_r$ は1次独立である．

証明.　いま，1次関係式

$$c_1\boldsymbol{a}_1 + c_2\boldsymbol{a}_2 + \cdots + c_r\boldsymbol{a}_r = \boldsymbol{0}$$

があったとする．このとき，任意の $i = 1, 2, \cdots, r$ について 上記の両辺と $\boldsymbol{a}_i$ との内積を考えると $\boldsymbol{a}_1, \boldsymbol{a}_2, \cdots, \boldsymbol{a}_r$ は互いに直交していることから

$$\begin{aligned} 0 &= (\boldsymbol{0}, \boldsymbol{a}_i) = (c_1\boldsymbol{a}_1 + c_2\boldsymbol{a}_2 + \cdots + c_r\boldsymbol{a}_r, \boldsymbol{a}_i) \\ &= c_1(\boldsymbol{a}_1, \boldsymbol{a}_i) + c_2(\boldsymbol{a}_2, \boldsymbol{a}_i) + \cdots + c_r(\boldsymbol{a}_r, \boldsymbol{a}_i) \\ &= c_i(\boldsymbol{a}_i, \boldsymbol{a}_i) = c_i|\boldsymbol{a}_i|^2 \end{aligned}$$

を得る．ところで，$|\boldsymbol{a}_i| \neq 0$ であるから，$c_i = 0$ が導かれる．よって $\boldsymbol{a}_1, \boldsymbol{a}_2, \cdots, \boldsymbol{a}_r$ は1次独立である．　(証明終)

命題 3.37　V を $\mathbb{R}^n$ の r 次元部分空間としたとき，V の r 個の元 $\boldsymbol{a}_1, \boldsymbol{a}_2, \cdots, \boldsymbol{a}_r$ について次は同値である．

(1)　$\boldsymbol{a}_1, \boldsymbol{a}_2, \cdots, \boldsymbol{a}_r$ は V の正規直交基底である．

(2)　$\boldsymbol{a}_1, \boldsymbol{a}_2, \cdots, \boldsymbol{a}_r$ は正規直交系をなしている．すなわち，任意の i, j について $(\boldsymbol{a}_i, \boldsymbol{a}_j) = \delta_{ij}$ である．ここで δ_{ij} は**クロネッカーのデルタ**と呼ばれるもので，$i = j$ のときは $\delta_{ii} = 1$ で，$i \neq j$ のときは $\delta_{ij} = 0$ である，

証明.　(1) ならば (2) は定義より明らかである．よって，(2) を仮定する．このとき $\boldsymbol{a}_1, \boldsymbol{a}_2, \cdots, \boldsymbol{a}_r$ が V の基底であることをいえばよい．ところで，$\boldsymbol{a}_1, \boldsymbol{a}_2, \cdots, \boldsymbol{a}_r$ は互いに直交しているので，補題 3.36 より1次独立である．また，V の次元は r であるので，補題 3.35 より $\boldsymbol{a}_1, \boldsymbol{a}_2, \cdots, \boldsymbol{a}_r$ は V の基底でなければいけない．　(証明終)

注意. 上記の命題と定義 3.32 の後の注意より，$\mathbb{R}^n$ の n 個の元 $\boldsymbol{m}_1, \boldsymbol{m}_2, \cdots, \boldsymbol{m}_n$ について次は同値である．

(1) $\boldsymbol{m}_1, \boldsymbol{m}_2, \cdots, \boldsymbol{m}_n$ は $\mathbb{R}^n$ の正規直交基底である．

(2) n 次行列 $M = (\boldsymbol{m}_1\ \boldsymbol{m}_2\ \cdots\ \boldsymbol{m}_n)$ は直交行列である．

(3) $\boldsymbol{m}_1, \boldsymbol{m}_2, \cdots, \boldsymbol{m}_n$ は正規直交系をなす．

例 3.17

(1) 例 3.15 (1) および上記の注意より，$\mathbb{R}^n$ の標準基底 $\boldsymbol{e}_1, \boldsymbol{e}_2, \cdots, \boldsymbol{e}_n$ は $\mathbb{R}^n$ の正規直交基底である．

(2) 例 3.15 (3) および上記の注意より，$\begin{pmatrix} \cos\theta \\ \sin\theta \end{pmatrix}, \begin{pmatrix} -\sin\theta \\ \cos\theta \end{pmatrix}$ は $\mathbb{R}^2$ の正規直交基底である．

(3) $\left\langle \begin{pmatrix} 1 \\ -1 \\ 1 \end{pmatrix} \right\rangle$ の正規直交基底は $\dfrac{1}{\sqrt{3}}\begin{pmatrix} 1 \\ -1 \\ 1 \end{pmatrix}$ である．また，$\dfrac{1}{\sqrt{3}}\begin{pmatrix} -1 \\ 1 \\ -1 \end{pmatrix}$ も $\left\langle \begin{pmatrix} 1 \\ -1 \\ 1 \end{pmatrix} \right\rangle$ の正規直交基底になる．

(4) $\left\langle \begin{pmatrix} 1 \\ 1 \\ 1 \end{pmatrix}, \begin{pmatrix} 2 \\ 1 \\ 0 \end{pmatrix} \right\rangle$ の 1 つの正規直交基底は $\dfrac{1}{\sqrt{3}}\begin{pmatrix} 1 \\ 1 \\ 1 \end{pmatrix}, \dfrac{1}{\sqrt{2}}\begin{pmatrix} 1 \\ 0 \\ -1 \end{pmatrix}$ である．何故なら

$$-\begin{pmatrix} 1 \\ 1 \\ 1 \end{pmatrix} + \begin{pmatrix} 2 \\ 1 \\ 0 \end{pmatrix} = \begin{pmatrix} 1 \\ 0 \\ -1 \end{pmatrix}$$

が成立するからである．

(5) $\left\langle \begin{pmatrix} 1 \\ 0 \\ 1 \\ 0 \end{pmatrix}, \begin{pmatrix} -1 \\ 1 \\ 1 \\ 1 \end{pmatrix}, \begin{pmatrix} 0 \\ 2 \\ 1 \\ -2 \end{pmatrix} \right\rangle$ の 1 つの正規直交基底は $\boldsymbol{a}_1 = \dfrac{1}{\sqrt{2}}\begin{pmatrix} 1 \\ 0 \\ 1 \\ 0 \end{pmatrix}$,

$$\boldsymbol{a}_2 = \frac{1}{2}\begin{pmatrix} -1 \\ 1 \\ 1 \\ 1 \end{pmatrix},\ \boldsymbol{a}_3 = \frac{1}{2\sqrt{33}}\begin{pmatrix} -1 \\ 7 \\ 1 \\ -9 \end{pmatrix}$$ である．なぜなら

$$-2\begin{pmatrix} 1 \\ 0 \\ 1 \\ 0 \end{pmatrix} - \begin{pmatrix} -1 \\ 1 \\ 1 \\ 1 \end{pmatrix} + 4\begin{pmatrix} 0 \\ 2 \\ 1 \\ -2 \end{pmatrix} = \begin{pmatrix} -1 \\ 7 \\ 1 \\ -9 \end{pmatrix}$$

であり，しかも $\boldsymbol{a}_1, \boldsymbol{a}_2, \boldsymbol{a}_3$ は互いに直交し，すべて長さが 1 であることが容易に確かめられるからである．

例 3.17 (3) (4) (5) で部分空間の正規直交基底を調べたが，一般にはどのようにしてみつければよいのか，そのときよく使われる方法が次に述べるシュミットの直交化である．

定理 3.38　(シュミットの直交化) V を $\mathbb{R}^n$ の r 次元部分空間とし，$\boldsymbol{a}_1, \boldsymbol{a}_2, \cdots, \boldsymbol{a}_r$ を V の基底とする．いま，帰納的に $\boldsymbol{b}'_1, \boldsymbol{b}'_2, \cdots, \boldsymbol{b}'_r$ を次のように定義する．

$$\begin{aligned}
&\boldsymbol{b}_1 = \boldsymbol{a}_1, && \boldsymbol{b}'_1 = \frac{1}{|\boldsymbol{b}_1|}\boldsymbol{b}_1, \\
&\boldsymbol{b}_2 = \boldsymbol{a}_2 - (\boldsymbol{a}_2, \boldsymbol{b}'_1)\boldsymbol{b}'_1, && \boldsymbol{b}'_2 = \frac{1}{|\boldsymbol{b}_2|}\boldsymbol{b}_2, \\
&\boldsymbol{b}_3 = \boldsymbol{a}_3 - (\boldsymbol{a}_3, \boldsymbol{b}'_2)\boldsymbol{b}'_2 - (\boldsymbol{a}_3, \boldsymbol{b}'_1)\boldsymbol{b}'_1, && \boldsymbol{b}'_3 = \frac{1}{|\boldsymbol{b}_3|}\boldsymbol{b}_3, \\
&\cdots\cdots\cdots\cdots\cdots\cdots\cdots\cdots\cdots\cdots \\
&\boldsymbol{b}_r = \boldsymbol{a}_r - \sum_{i=1}^{r-1}(\boldsymbol{a}_r, \boldsymbol{b}'_i)\boldsymbol{b}'_i, && \boldsymbol{b}'_r = \frac{1}{|\boldsymbol{b}_r|}\boldsymbol{b}_r.
\end{aligned}$$

このとき $\boldsymbol{b}'_1, \boldsymbol{b}'_2, \cdots, \boldsymbol{b}'_r$ は V の正規直交基底である．

証明．　定義より $\boldsymbol{b}'_1, \boldsymbol{b}'_2, \cdots, \boldsymbol{b}'_r$ の長さが 1 であることはよい．そして，こ

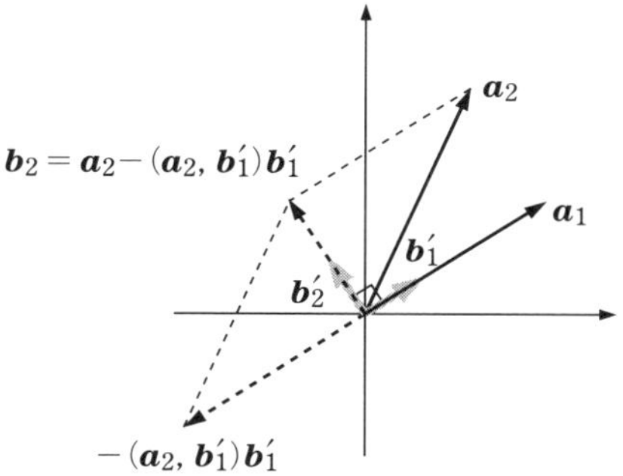

図 3.4 シュミットの直交化

れらが互いに直交していることは数学的帰納法で証明する．さて

$$\begin{aligned}(\boldsymbol{b}_2, \boldsymbol{b}'_1) &= (\boldsymbol{a}_2 - (\boldsymbol{a}_2, \boldsymbol{b}'_1)\boldsymbol{b}'_1, \boldsymbol{b}'_1) = (\boldsymbol{a}_2, \boldsymbol{b}'_1) - (\boldsymbol{a}_2, \boldsymbol{b}'_1)(\boldsymbol{b}'_1, \boldsymbol{b}'_1) \\ &= (\boldsymbol{a}_2, \boldsymbol{b}'_1) - (\boldsymbol{a}_2, \boldsymbol{b}'_1)|\boldsymbol{b}'_1|^2 = (\boldsymbol{a}_2, \boldsymbol{b}'_1) - (\boldsymbol{a}_2, \boldsymbol{b}'_1) = 0\end{aligned}$$

だから，$\boldsymbol{b}'_1$ と $\boldsymbol{b}'_2$ とは直交する．次に $\boldsymbol{b}'_1, \boldsymbol{b}'_2, \cdots, \boldsymbol{b}'_t$ が互いに直交しているとする．このとき数学的帰納法の仮定を使うと $j = 1, 2, \cdots, t$ について

$$\begin{aligned}(\boldsymbol{b}_{t+1}, \boldsymbol{b}'_j) &= (\boldsymbol{a}_{t+1} - \sum_{i=1}^{t}(\boldsymbol{a}_{t+1}, \boldsymbol{b}'_i)\boldsymbol{b}'_i, \boldsymbol{b}'_j) \\ &= (\boldsymbol{a}_{t+1}, \boldsymbol{b}'_j) - \sum_{i=1}^{t}(\boldsymbol{a}_{t+1}, \boldsymbol{b}'_i)(\boldsymbol{b}'_i, \boldsymbol{b}'_j) \\ &= (\boldsymbol{a}_{t+1}, \boldsymbol{b}'_j) - (\boldsymbol{a}_{t+1}, \boldsymbol{b}'_j)(\boldsymbol{b}'_j, \boldsymbol{b}'_j) \\ &= (\boldsymbol{a}_{t+1}, \boldsymbol{b}'_j) - (\boldsymbol{a}_{t+1}, \boldsymbol{b}'_j) = 0\end{aligned}$$

だから $\boldsymbol{b}_{t+1}$ と $\boldsymbol{b}'_j$ は直交する．よって $\boldsymbol{b}'_1, \boldsymbol{b}'_2, \cdots, \boldsymbol{b}'_t, \boldsymbol{b}'_{t+1}$ も互いに直交している．ゆえに，$t = r - 1$ とすれば $\boldsymbol{b}'_1, \boldsymbol{b}'_2, \cdots, \boldsymbol{b}'_r$ が互いに直交していることがわかる． (証明終)

例 3.18 次の部分空間 V の正規直交基底を求めよ．

(1) $V = \left\langle \begin{pmatrix} -1 \\ 2 \\ -3 \end{pmatrix} \right\rangle$ (2) $V = \left\langle \begin{pmatrix} 1 \\ 0 \\ 2 \end{pmatrix}, \begin{pmatrix} 1 \\ 1 \\ -1 \end{pmatrix} \right\rangle$

(3) $V = \left\langle \begin{pmatrix} 1 \\ -1 \\ 0 \\ 1 \end{pmatrix}, \begin{pmatrix} 0 \\ 2 \\ 1 \\ -1 \end{pmatrix}, \begin{pmatrix} -1 \\ 0 \\ -2 \\ 2 \end{pmatrix} \right\rangle$

解.

(1)　$\boldsymbol{b}_1 = \boldsymbol{a}_1 = \begin{pmatrix} -1 \\ 2 \\ -3 \end{pmatrix}$ とおくと

$$|\boldsymbol{b}_1| = \sqrt{(-1)^2 + 2^2 + (-3)^2} = \sqrt{14}$$

であるので，シュミットの直交化より V の正規直交基底は

$$\boldsymbol{b}_1' = \frac{1}{|\boldsymbol{b}_1|}\boldsymbol{b}_1 = \frac{1}{\sqrt{14}}\begin{pmatrix} -1 \\ 2 \\ -3 \end{pmatrix}$$

である．

(2)　$\boldsymbol{b}_1 = \boldsymbol{a}_1 = \begin{pmatrix} 1 \\ 0 \\ 2 \end{pmatrix}$ とすると

$$|\boldsymbol{b}_1| = \sqrt{1^2 + 2^2} = \sqrt{5}$$

だから

$$\boldsymbol{b}_1' = \frac{1}{\sqrt{5}}\begin{pmatrix} 1 \\ 0 \\ 2 \end{pmatrix}$$

である．次に $\boldsymbol{a}_2 = \begin{pmatrix} 1 \\ 1 \\ -1 \end{pmatrix}$ とすると

$$\boldsymbol{b}_2 = \boldsymbol{a}_2 - (\boldsymbol{a}_2, \boldsymbol{b}_1')\boldsymbol{b}_1' \ = \begin{pmatrix} 1 \\ 1 \\ -1 \end{pmatrix} - \frac{1}{\sqrt{5}}(1-2)\frac{1}{\sqrt{5}}\begin{pmatrix} 1 \\ 0 \\ 2 \end{pmatrix}$$

$$= \begin{pmatrix} 1 \\ 1 \\ -1 \end{pmatrix} + \frac{1}{5}\begin{pmatrix} 1 \\ 0 \\ 2 \end{pmatrix} = \frac{1}{5}\begin{pmatrix} 6 \\ 5 \\ -3 \end{pmatrix}$$

だから

$$|\boldsymbol{b}_2| = \frac{1}{5}\sqrt{36+25+9} = \frac{\sqrt{70}}{5}$$

であるのでシュミットの直交化より

$$\boldsymbol{b}_1' = \frac{1}{\sqrt{5}}\begin{pmatrix} 1 \\ 0 \\ 2 \end{pmatrix},\ \boldsymbol{b}_2' = \frac{1}{\sqrt{70}}\begin{pmatrix} 6 \\ 5 \\ -3 \end{pmatrix}$$

が V の正規直交基底となる．

(3)　$\boldsymbol{b}_1 = \boldsymbol{a}_1 = \begin{pmatrix} 1 \\ -1 \\ 0 \\ 1 \end{pmatrix}$ とすると

$$|\boldsymbol{b}_1| = \sqrt{1+1+1} = \sqrt{3}$$

だから

$$\boldsymbol{b}_1' = \frac{1}{\sqrt{3}}\begin{pmatrix} 1 \\ -1 \\ 0 \\ 1 \end{pmatrix}$$

である．次に $\boldsymbol{a}_2 = \begin{pmatrix} 0 \\ 2 \\ 1 \\ -1 \end{pmatrix}$ とすると

$$\boldsymbol{b}_2 = \begin{pmatrix} 0 \\ 2 \\ 1 \\ -1 \end{pmatrix} - \frac{1}{\sqrt{3}}(-2-1)\frac{1}{\sqrt{3}}\begin{pmatrix} 1 \\ -1 \\ 0 \\ 1 \end{pmatrix} = \begin{pmatrix} 0 \\ 2 \\ 1 \\ -1 \end{pmatrix} + \begin{pmatrix} 1 \\ -1 \\ 0 \\ 1 \end{pmatrix} = \begin{pmatrix} 1 \\ 1 \\ 1 \\ 0 \end{pmatrix}$$

だから $|\boldsymbol{b}_2| = \sqrt{3}$ である．よって

$$\boldsymbol{b}_2' = \frac{1}{\sqrt{3}}\begin{pmatrix} 1 \\ 1 \\ 1 \\ 0 \end{pmatrix}$$

である．次に $\boldsymbol{a}_3 = \begin{pmatrix} -1 \\ 0 \\ -2 \\ 2 \end{pmatrix}$ とおくと

$$\begin{aligned} \boldsymbol{b}_3 &= \begin{pmatrix} -1 \\ 0 \\ -2 \\ 2 \end{pmatrix} - \frac{1}{\sqrt{3}}(-1+2)\frac{1}{\sqrt{3}}\begin{pmatrix} 1 \\ -1 \\ 0 \\ 1 \end{pmatrix} - \frac{1}{\sqrt{3}}(-1-2)\frac{1}{\sqrt{3}}\begin{pmatrix} 1 \\ 1 \\ 1 \\ 0 \end{pmatrix} \\ &= \begin{pmatrix} -1 \\ 0 \\ -2 \\ 2 \end{pmatrix} - \frac{1}{3}\begin{pmatrix} 1 \\ -1 \\ 0 \\ 1 \end{pmatrix} + \begin{pmatrix} 1 \\ 1 \\ 1 \\ 0 \end{pmatrix} = \frac{1}{3}\begin{pmatrix} -1 \\ 4 \\ -3 \\ 5 \end{pmatrix} \end{aligned}$$

となるので

$$|\boldsymbol{b}_3| = \frac{1}{3}\sqrt{1+16+9+25} = \frac{\sqrt{51}}{3}$$

である．よって

$$\boldsymbol{b}_3' = \frac{1}{\sqrt{51}} \begin{pmatrix} -1 \\ 4 \\ -3 \\ 5 \end{pmatrix}$$

である．ゆえに，シュミットの直交化より V の正規直交基底は

$$\boldsymbol{b}_1' = \frac{1}{\sqrt{3}} \begin{pmatrix} 1 \\ -1 \\ 0 \\ 1 \end{pmatrix}, \boldsymbol{b}_2' = \frac{1}{\sqrt{3}} \begin{pmatrix} 1 \\ 1 \\ 1 \\ 0 \end{pmatrix}, \boldsymbol{b}_3' = \frac{1}{\sqrt{51}} \begin{pmatrix} -1 \\ 4 \\ -3 \\ 5 \end{pmatrix}$$

である．

問 3.14　シュミットの直交化を使って次の部分空間 V の正規直交基底を求めよ．

(1) $V = \left\langle \begin{pmatrix} -2 \\ 2 \\ -1 \end{pmatrix} \right\rangle$　(2) $V = \left\langle \begin{pmatrix} 4 \\ -1 \\ 2 \\ -2 \end{pmatrix} \right\rangle$

(3) $V = \left\langle \begin{pmatrix} -1 \\ 3 \\ 0 \end{pmatrix}, \begin{pmatrix} -2 \\ -4 \\ 1 \end{pmatrix} \right\rangle$　(4) $V = \left\langle \begin{pmatrix} -1 \\ 2 \\ -1 \end{pmatrix}, \begin{pmatrix} 1 \\ -3 \\ 0 \end{pmatrix} \right\rangle$

(5) $V = \left\langle \begin{pmatrix} 1 \\ 1 \\ -1 \\ -2 \end{pmatrix}, \begin{pmatrix} -1 \\ 0 \\ 2 \\ -1 \end{pmatrix} \right\rangle$　(6) $V = \left\langle \begin{pmatrix} -1 \\ 0 \\ 0 \\ -1 \end{pmatrix}, \begin{pmatrix} 1 \\ 2 \\ -2 \\ 1 \end{pmatrix}, \begin{pmatrix} 0 \\ 1 \\ -2 \\ 3 \end{pmatrix} \right\rangle$

3.7 直交補空間

この節では，n 次元数ベクトル空間が我々にとって理解しやすい 2 次元空間のように考えることができないか，また，ある点から部分空間への距離，すな

わち与えられた点から最も近い部分空間の点は何かという問題を考えてみる．ここでいう2次元空間のようにということは，2つの必ずしも数ではない座標で表すことを意味する．その1つの座標として部分空間 V の元を選ぶ．もう1つの座標としては次のような V によって決まる部分空間の元を考える．

定義 3.39　V を $\mathbb{R}^n$ の部分空間とする．このとき，V のすべての元と直交する元からなる $\mathbb{R}^n$ の部分集合

$$\{\boldsymbol{x} \in \mathbb{R}^n \mid \text{すべての } \boldsymbol{v} \in V \text{ について } (\boldsymbol{x}, \boldsymbol{v}) = 0\}$$

を考える．これは内積の性質を使うことで，部分空間になることがわかる．それで，この部分集合を $V^{\perp}$ で表し，V の**直交補空間**と呼ぶ．

次の定理により，V の元と $V^{\perp}$ の元を，$\mathbb{R}^n$ の2つの座標のように考えることができる．

定理 3.40　V を $\mathbb{R}^n$ の部分空間としたとき，次が成立する．

(1)　$\mathbb{R}^n = V \oplus V^{\perp}$ である．すなわち，$\mathbb{R}^n$ は，V と $V^{\perp}$ の直和で表される．言い換えれば，

$$\mathbb{R}^n = V + V^{\perp}, V \cap V^{\perp} = \{\boldsymbol{0}\}$$

が成立する．よって，

$$\dim V^{\perp} = n - \dim V$$

を得る．

(2)　$(V^{\perp})^{\perp} = V$ が成立する．

証明．　(1) $V = \{\boldsymbol{0}\}$ のときは，$V^{\perp} = \mathbb{R}^n$ となり，明らかである．$V \neq \{\boldsymbol{0}\}$ とする．$\dim V = r$ として，$\boldsymbol{b}_1, \cdots, \boldsymbol{b}_r$ を V の正規直交基底とする．最初に，$\mathbb{R}^n \subseteqq V + V^{\perp}$ を示す．$\mathbb{R}^n$ の任意の元 $\boldsymbol{x}$ に対して，V の元 $\boldsymbol{y} = \sum_{i=1}^{r} (\boldsymbol{x}, \boldsymbol{b}_i)\boldsymbol{b}_i$ を考える．このとき，$\boldsymbol{b}_1, \cdots, \boldsymbol{b}_r$ が V の正規直交基底であることから，$(\boldsymbol{y}, \boldsymbol{b}_i) = (\boldsymbol{x}, \boldsymbol{b}_i)$ が成立する．よって，$\boldsymbol{x} - \boldsymbol{y} \in V^{\perp}$ であること

がわかり，$\boldsymbol{x}=\boldsymbol{y}+(\boldsymbol{x}-\boldsymbol{y})$ と表されるので，$\mathbb{R}^n \subseteqq V+V^{\perp}$ が示されたことになる．ゆえに，$\mathbb{R}^n = V+V^{\perp}$ が成立する．次に，$V\cap V^{\perp}=\{\boldsymbol{0}\}$ を示す．$\boldsymbol{x}\in V\cap V^{\perp}$ とすると，$x\in V^{\perp}$ かつ $x\in V$ であるから，$0=(\boldsymbol{x},\boldsymbol{x})=|\boldsymbol{x}|^2$ となり，$|\boldsymbol{x}|=0$ である．すなわち，$\boldsymbol{x}=\boldsymbol{0}$ であるので，$V\cap V^{\perp}=\{\boldsymbol{0}\}$ が成立する．

(2) $\boldsymbol{v}\in V$ とすると，$V^{\perp}$ のすべての元 $\boldsymbol{x}$ について $(\boldsymbol{v},\boldsymbol{x})=0$ であるので，$V\subseteqq (V^{\perp})^{\perp}$ を得る．ところで，(1) より

$$\dim (V^{\perp})^{\perp} = n-\dim V^{\perp} = n-(n-\dim V)=\dim V$$

が成り立つので，補題 3.13 および補題 3.35 より，$(V^{\perp})^{\perp}=V$ である．

(証明終)

例 3.19 $\boldsymbol{a}_1=\begin{pmatrix}3\\-1\\6\end{pmatrix}$, $\boldsymbol{a}_2=\begin{pmatrix}2\\-1\\5\end{pmatrix}$ とするとき，$\mathbb{R}^3$ の部分空間 $V=\langle \boldsymbol{a}_1,\boldsymbol{a}_2\rangle$ の直交補空間 $V^{\perp}$ を求めよ．また，$\boldsymbol{x}_0=\begin{pmatrix}1\\2\\6\end{pmatrix}$ を V の元と $V^{\perp}$ の元の和で表せ．

解.

$$V^{\perp}=\left\{\boldsymbol{x}=\begin{pmatrix}x\\y\\z\end{pmatrix}\middle|(\boldsymbol{a}_1,\boldsymbol{x})=0,(\boldsymbol{a}_2,\boldsymbol{x})=0\right\}$$

であるので，$V^{\perp}$ は，連立１次方程式

$$\begin{cases}3x-y+6z=0\\2x-y+5z=0\end{cases}$$

の解の集合である．この連立１次方程式を解くと，$V^{\perp}=\left\langle\begin{pmatrix}-1\\3\\1\end{pmatrix}\right\rangle$ であ

ることがわかる．よって，$V^{\perp}$ の正規直交基底は $\boldsymbol{b}_1 = \dfrac{1}{\sqrt{11}}\begin{pmatrix} -1 \\ 3 \\ 1 \end{pmatrix}$ である．$\mathbb{R}^3 = V^{\perp} \oplus (V^{\perp})^{\perp}$ と考えて，上の定理 3.40 (1) の証明方法を使うと $\boldsymbol{y} = (\boldsymbol{x}_0, \boldsymbol{b}_1)\boldsymbol{b}_1 = \begin{pmatrix} -1 \\ 3 \\ 1 \end{pmatrix}$ が求める $V^{\perp}$ の元で，$\boldsymbol{x}_0 - \boldsymbol{y} = \begin{pmatrix} 2 \\ -1 \\ 5 \end{pmatrix}$ が，$(V^{\perp})^{\perp} = V$ の元となり，$\boldsymbol{x}_0$ が V の元と $V^{\perp}$ の元の和

$$\boldsymbol{x}_0 = \begin{pmatrix} 2 \\ -1 \\ 5 \end{pmatrix} + \begin{pmatrix} -1 \\ 3 \\ 1 \end{pmatrix}$$

で表される．

問 3.15　　(1) $\boldsymbol{a_1} = \begin{pmatrix} 5 \\ 3 \\ -1 \end{pmatrix}$，$\boldsymbol{a_2} = \begin{pmatrix} 2 \\ 3 \\ 5 \end{pmatrix}$ とするとき，$\mathbb{R}^3$ の部分空間 $V = \langle \boldsymbol{a}_1, \boldsymbol{a}_2 \rangle$ の直交補空間 $V^{\perp}$ を求めよ．また，$\boldsymbol{x}_0 = \begin{pmatrix} 5 \\ -9 \\ -9 \end{pmatrix}$ を V の元と $V^{\perp}$ の元の和で表せ．

(2) $\boldsymbol{a} = \begin{pmatrix} 1 \\ -2 \\ 3 \end{pmatrix}$ とするとき，$\mathbb{R}^3$ の部分空間 $V = \langle \boldsymbol{a} \rangle$ の直交補空間 $V^{\perp}$ を求めよ．また，$\boldsymbol{x}_0 = \begin{pmatrix} -6 \\ 1 \\ -2 \end{pmatrix}$ を V の元と $V^{\perp}$ の元の和で表せ．

(3) $\boldsymbol{a}_1 = \begin{pmatrix} 1 \\ 1 \\ -2 \\ 3 \end{pmatrix}$，$\boldsymbol{a}_2 = \begin{pmatrix} 1 \\ 0 \\ -1 \\ 1 \end{pmatrix}$，$\boldsymbol{a}_3 = \begin{pmatrix} 3 \\ 1 \\ -1 \\ 5 \end{pmatrix}$ とするとき，$\mathbb{R}^4$ の部分空間

$V = \langle \boldsymbol{a}_1, \boldsymbol{a}_2, \boldsymbol{a}_3 \rangle$ の直交補空間 $V^\perp$ を求めよ．また，$\boldsymbol{x}_0 = \begin{pmatrix} 3 \\ -5 \\ 3 \\ -1 \end{pmatrix}$ を V の元と $V^\perp$ の元の和で表せ．

命題 3.41 V を $\{\boldsymbol{0}\}$ でない $\mathbb{R}^n$ の r 次元部分空間として，$\boldsymbol{a} \in \mathbb{R}^n$ をとる．$\boldsymbol{b}_1, \cdots, \boldsymbol{b}_r$ を V の正規直交基底とする．補題 3.13 と定理 3.38 より，$\boldsymbol{b}_1, \cdots, \boldsymbol{b}_r, \boldsymbol{b}_{r+1}, \cdots, \boldsymbol{b}_n$ が，$\mathbb{R}^n$ の正規直交基底であるようにとることができる．$\boldsymbol{a}$ を

$$\boldsymbol{a} = a_1\boldsymbol{b}_1 + \cdots + a_r\boldsymbol{b}_r + a_{r+1}\boldsymbol{b}_{r+1} + \cdots + a_n\boldsymbol{b}_n$$

と表す．このとき，次のことが成立する．

(1) V 上の点で，$\boldsymbol{a}$ に最も近い点 $\boldsymbol{x}_0$ は，$\boldsymbol{x}_0 = a_1\boldsymbol{b}_1 + \cdots + a_r\boldsymbol{b}_r$ と表せる．よって，点 $\boldsymbol{a}$ と点 $\boldsymbol{x}_0$ の距離は，$\sqrt{{a_{r+1}}^2 + \cdots + {a_n}^2}$ である．

(2) $\boldsymbol{a} - \boldsymbol{x}_0 \in V^\perp$ である．

$\mathbb{R}^n$ の任意の元 $\boldsymbol{a}$ に対して，上のような V の元 $\boldsymbol{x}_0$ を対応させる写像 $p_V : \mathbb{R}^n \longrightarrow V$ を V への**直交射影**と呼ぶ．

証明. (1) $\boldsymbol{x}$ を V の任意の元とすると，$\boldsymbol{x} = x_1\boldsymbol{b}_1 + \cdots + x_r\boldsymbol{b}_r$ と表せる．このとき，$\boldsymbol{a}$ と $\boldsymbol{x}$ との距離は，$\boldsymbol{b}_1, \cdots, \boldsymbol{b}_n$ が正規直交基底であることより，

$$|\boldsymbol{a} - \boldsymbol{x}| = |(a_1 - x_1)\boldsymbol{b}_1 + \cdots + (a_r - x_r)\boldsymbol{b}_r + a_{r+1}\boldsymbol{b}_{r+1} + \cdots + a_n\boldsymbol{b}_n|$$

$$= \sqrt{(a_1 - x_1)^2 + \cdots + (a_r - x_r)^2 + {a_{r+1}}^2 + \cdots + {a_n}^2}$$

となる．よって，$\boldsymbol{a}$ に最も近い V 上の点 $\boldsymbol{x}_0$ は，$\boldsymbol{x}_0 = a_1\boldsymbol{b}_1 + \cdots + a_r\boldsymbol{b}_r$ と表せ，

$$|\boldsymbol{a} - \boldsymbol{x}_0| = \sqrt{{a_{r+1}}^2 + \cdots + {a_n}^2}$$

である．

(2) $\boldsymbol{a} - \boldsymbol{x}_0 = a_{r+1}\boldsymbol{b}_{r+1} + \cdots + a_n\boldsymbol{b}_n$ となり，V の任意の元は，$\boldsymbol{x} =$

$x_1\boldsymbol{b}_1+\cdots+x_r\boldsymbol{b}_r$ と表される．$\boldsymbol{b}_1,\cdots,\boldsymbol{b}_n$ が正規直交基底であることより，

$$(\boldsymbol{a}-\boldsymbol{x}_0,\boldsymbol{x})=(a_{r+1}\boldsymbol{b}_{r+1}+\cdots+a_n\boldsymbol{b}_n, x_1\boldsymbol{b}_1+\cdots+x_r\boldsymbol{b}_r)=0$$

になるので，$\boldsymbol{a}-\boldsymbol{x}_0\in V^{\perp}$ である．　　(証明終)

例 3.20　問 3.12 より，$\frac{1}{3}\begin{pmatrix}1&2&2\\-2&-1&2\\2&-2&1\end{pmatrix}$ は，直交行列である．$\boldsymbol{b}_1=\frac{1}{3}\begin{pmatrix}1\\-2\\2\end{pmatrix}, \boldsymbol{b}_2=\frac{1}{3}\begin{pmatrix}2\\-1\\-2\end{pmatrix}, \boldsymbol{b}_3=\frac{1}{3}\begin{pmatrix}2\\2\\1\end{pmatrix}$ として，$\mathbb{R}^3$ の部分空間 $V=\langle\boldsymbol{b}_1,\boldsymbol{b}_2\rangle$ を考える．このとき，$\boldsymbol{b}_1$, $\boldsymbol{b}_2$ は，V の正規直交基底であり，$\boldsymbol{b}_1$, $\boldsymbol{b}_2$, $\boldsymbol{b}_3$ は，$\mathbb{R}^3$ の正規直交基底である．上の命題より，

$$\boldsymbol{a}=\begin{pmatrix}1\\-2\\2\end{pmatrix}+\begin{pmatrix}2\\-1\\-2\end{pmatrix}+\begin{pmatrix}2\\2\\1\end{pmatrix}=\begin{pmatrix}5\\-1\\1\end{pmatrix}$$

に最も近い V の元 $\boldsymbol{x}_0$ は

$$\boldsymbol{x}_0=\begin{pmatrix}1\\-2\\2\end{pmatrix}+\begin{pmatrix}2\\-1\\-2\end{pmatrix}=\begin{pmatrix}3\\-3\\0\end{pmatrix}$$

であり，その距離は $|\boldsymbol{a}-\boldsymbol{x}_0|=\sqrt{2^2+2^2+1^2}=3$ である．

問 3.16　$\frac{1}{3}\begin{pmatrix}1\\2\\-2\end{pmatrix}$, $\frac{1}{3}\begin{pmatrix}-2\\2\\1\end{pmatrix}$, $\frac{1}{3}\begin{pmatrix}2\\1\\2\end{pmatrix}$ は，$\mathbb{R}^3$ の正規直交基底である．点 $\boldsymbol{a}=\begin{pmatrix}8\\4\\-1\end{pmatrix}$ と部分空間 $V=\left\langle\begin{pmatrix}1\\2\\-2\end{pmatrix},\begin{pmatrix}-2\\1\\1\end{pmatrix}\right\rangle$ で最も近い点およびその距離を求めよ．

4

固有値，固有ベクトルとその応用

この章では，まず n 次行列の固有値と固有ベクトルについて学び，これらの応用として行列の対角化の問題を考える．また，幾何学的に重要な実対称行列とその応用として実 2 次形式を取り扱う．

4.1 固有値と固有ベクトル

この節では，固有値，固有ベクトルの定義を与え，その求め方について学ぶ．

定義 4.1 n 次行列 A に対して $A\boldsymbol{x} = \lambda\boldsymbol{x}$ を満たすスカラー λ および零ベクトルでない n 次元列ベクトル $\boldsymbol{x}$ があるとき，この λ を A の**固有値**，そして $\boldsymbol{x}$ を固有値 λ に対する**固有ベクトル**と呼ぶ．

注意 固有値 λ は，たとえ n 次行列 A の成分がすべて実数であっても，虚数である場合があるので複素数の範囲で考えることになる．よって，この場合は固有ベクトルである n 次元列ベクトルも，成分を複素数の範囲で考える．たとえば

$$\begin{pmatrix} 0 & 1 \\ -1 & 0 \end{pmatrix}\begin{pmatrix} -i \\ 1 \end{pmatrix} = \begin{pmatrix} 1 \\ i \end{pmatrix} = i\begin{pmatrix} -i \\ 1 \end{pmatrix}$$

だから，i は行列 $\begin{pmatrix} 0 & 1 \\ -1 & 0 \end{pmatrix}$ の固有値で，列ベクトル $\begin{pmatrix} -i \\ 1 \end{pmatrix}$ は，固有値 i に対する固有ベクトルである．ただ，この教科書の例および問において取り扱う n 次行列は，成分がすべて実数で，しかもその固有値がすべて実数である場合であるので．固有ベクトルの成分も実数の範囲で考えることにする．

次に固有値の求め方について考えてみよう．

定義 4.2　n 次行列 $A=(a_{ij})$ に対して x に関する n 次多項式

$$|xE_n - A| = \begin{vmatrix} x-a_{11} & -a_{12} & \cdots & -a_{1n} \\ -a_{21} & x-a_{22} & \cdots & -a_{2n} \\ \vdots & \vdots & \ddots & \vdots \\ -a_{n1} & -a_{n2} & \cdots & x-a_{nn} \end{vmatrix}$$

を A の**固有多項式**と呼び，$\Phi_A(x)$ と表す．また，n 次方程式 $\Phi_A(x)=0$ を A の**固有方程式**と呼ぶ．

n 次行列 $A=(a_{ij})$ のすべての対角成分の和

$$a_{11}+a_{22}+\cdots+a_{nn}$$

を A の**トレース**と呼び，$\mathrm{tr}\ A$ で表す．このことを使うと，固有多項式 $\Phi_A(x)$ は次のように表される．

命題 4.3　$A=(a_{ij})$ を n 次行列としたとき

$$\Phi_A(x) = x^n - (\mathrm{tr}\ A)x^{n-1} + \cdots + (-1)^n|A|$$

である．すなわち，固有多項式 $\Phi_A(x)$ の最高次 x^n の係数は 1, x^{n-1} の係数は $-\mathrm{tr}\ A$, そして定数項は $(-1)^n|A|$ である．

証明.　$\Phi_A(x) = |xE_n - A| = \begin{vmatrix} x-a_{11} & -a_{12} & \cdots & -a_{1n} \\ -a_{21} & x-a_{22} & \cdots & -a_{2n} \\ \vdots & \vdots & \ddots & \vdots \\ -a_{n1} & -a_{n2} & \cdots & x-a_{nn} \end{vmatrix}$ で，x^n の項および x^{n-1} の項は対角成分の積　$(x-a_{11})(x-a_{22})\cdots(x-a_{nn})$ の部分から出てくる．これは行列式の定義 (定義 2.29 を参照) や余因子展開の定理 (定理 2.11 を参照) を考えれば明らかであろう．よって，x^n の係数は 1 で，x^{n-1} の係数は

$$-a_{11}-a_{22}-\cdots-a_{nn} = -\mathrm{tr}\ A$$

である．また，定数項は

$$\Phi_A(0) = \begin{vmatrix} -a_{11} & -a_{12} & \cdots & -a_{1n} \\ -a_{21} & -a_{22} & \cdots & -a_{2n} \\ \vdots & \vdots & \ddots & \vdots \\ -a_{n1} & -a_{n2} & \cdots & -a_{nn} \end{vmatrix} = (-1)^n|A|$$

である．(証明終)

> **定理 4.4**　n 次行列 A に関して，次は同値である．
> (1)　λ は A の固有値である．
> (2)　λ は 固有方程式 $\Phi_A(x) = 0$ の解である．

証明.　いま，λ を A の固有値とすると，$A\boldsymbol{x} = \lambda\boldsymbol{x}$ となる零ベクトルでない $\boldsymbol{x}$ が存在する．よって，

$$\mathbf{0} = \lambda\boldsymbol{x} - A\boldsymbol{x} = (\lambda E_n - A)\boldsymbol{x}$$

が成立する．すなわち，n 次行列 $\lambda E_n - A$ を係数行列としてもつ同次連立 1 次方程式が，自明でない解 $\boldsymbol{x}$ をもつ．ゆえに，$\lambda E_n - A$ は逆行列をもたない．よって，定理 2.15 より

$$\Phi_A(\lambda) = |\lambda E_n - A| = 0$$

である．すなわち，λ は 固有方程式 $\Phi_A(x) = 0$ の解である．よって，(1) から (2) が示された．また，上記の議論は，すべて逆をたどっていくことができるので，(2) より (1) も導かれる．(証明終)

例 4.1　次の 2 次行列 A の固有値を求めよ．

(1) $A = \begin{pmatrix} -2 & 5 \\ 0 & 3 \end{pmatrix}$　(2) $A = \begin{pmatrix} 1 & 4 \\ 5 & 2 \end{pmatrix}$　(3) $A = \begin{pmatrix} 0 & -4 \\ 1 & 4 \end{pmatrix}$

解.

(1)　定義より，固有多項式は

$$\Phi_A(x) = \begin{vmatrix} x+2 & -5 \\ 0 & x-3 \end{vmatrix} = (x+2)(x-3)$$

であるので，A の固有値は $-2, 3$ である．この場合，固有値は対角成分になっている．

(2)　固有多項式は

$$\Phi_A(x) = \begin{vmatrix} x-1 & -4 \\ -5 & x-2 \end{vmatrix} = (x-1)(x-2) - (-4)\cdot(-5) = x^2 - 3x - 18$$
$$= (x+3)(x-6)$$

となるので，A の固有値は $-3, 6$ である．

(3)　固有多項式は

$$\Phi_A(x) = \begin{vmatrix} x & 4 \\ -1 & x-4 \end{vmatrix} = x^2 - 4x + 4 = (x-2)^2$$

だから，A の固有値は 2 のみである．

例 4.2　次の 3 次行列 A の固有値を求めよ．

(1) $A = \begin{pmatrix} 2 & 5 & -1 \\ 0 & 4 & -3 \\ 0 & 0 & 6 \end{pmatrix}$　(2) $A = \begin{pmatrix} 5 & 4 & 0 \\ -2 & -1 & 0 \\ -2 & -2 & 1 \end{pmatrix}$

(3) $A = \begin{pmatrix} -1 & 3 & -3 \\ 2 & 5 & -8 \\ 2 & 3 & -6 \end{pmatrix}$　(4) $A = \begin{pmatrix} -2 & 2 & 1 \\ -3 & 4 & 2 \\ 7 & -11 & -5 \end{pmatrix}$

解.

(1)　定義より，固有多項式は

$$\Phi_A(x) = \begin{vmatrix} x-2 & -5 & 1 \\ 0 & x-4 & 3 \\ 0 & 0 & x-6 \end{vmatrix} = (x-2)(x-4)(x-6)$$

であるので，A の固有値は $2, 4, 6$ である．

(2) 固有多項式は

$$\Phi_A(x) = \begin{vmatrix} x-5 & -4 & 0 \\ 2 & x+1 & 0 \\ 2 & 2 & x-1 \end{vmatrix}$$

$$= (x-1)\begin{vmatrix} x-5 & -4 \\ 2 & x+1 \end{vmatrix} \ (3\,列による展開)$$

$$= (x-1)(x^2-4x-5+8) = (x-1)^2(x-3)$$

となるので，A の固有値は 1, 3 である．

(3) 固有多項式は，

$$\Phi_A(x) = \begin{vmatrix} x+1 & -3 & 3 \\ -2 & x-5 & 8 \\ -2 & -3 & x+6 \end{vmatrix}$$

$$\overset{3\,列+2\,列}{=} \begin{vmatrix} x+1 & -3 & 0 \\ -2 & x-5 & x+3 \\ -2 & -3 & x+3 \end{vmatrix}$$

$$\overset{②-③}{=} \begin{vmatrix} x+1 & -3 & 0 \\ 0 & x-2 & 0 \\ -2 & -3 & x+3 \end{vmatrix}$$

$$= (x+3)(x+1)(x-2)$$

となるので，A の固有値は $-3, -1, 2$ である．

(4)　定義より，固有多項式は

$$
\begin{aligned}
\Phi_A(x) &= \begin{vmatrix} x+2 & -2 & -1 \\ 3 & x-4 & -2 \\ -7 & 11 & x+5 \end{vmatrix} \\
&\overset{(1\text{ 列}+2\text{ 列})-3\text{ 列}}{=} \begin{vmatrix} x+1 & -2 & -1 \\ x+1 & x-4 & -2 \\ -x-1 & 11 & x+5 \end{vmatrix} \\
&\overset{③+①}{\underset{②-①}{=}} \begin{vmatrix} x+1 & -2 & -1 \\ 0 & x-2 & -1 \\ 0 & 9 & x+4 \end{vmatrix} \\
&= (x+1)\begin{vmatrix} x-2 & -1 \\ 9 & x+4 \end{vmatrix} \quad (1\text{ 列による展開}) \\
&= (x+1)(x^2+2x+1) = (x+1)^3
\end{aligned}
$$

であるので，A の固有値は -1 のみである．

次に固有ベクトルの求め方について考えてみよう．

定義 4.5　A を n 次行列，λ を A の固有値とする．いま，λ に対する固有ベクトル全体と零ベクトルを合わせた集合は

$$
\begin{aligned}
V_\lambda &= \{\lambda\text{に対する固有ベクトル全体}\} \cup \{\mathbf{0}\} \\
&= \{\boldsymbol{x} \in \mathbb{R}^n \mid A\boldsymbol{x} = \lambda\boldsymbol{x}\} = \{\boldsymbol{x} \in \mathbb{R}^n \mid (A-\lambda E_n)\boldsymbol{x} = \mathbf{0}\}
\end{aligned}
$$

となり，$A-\lambda E_n$ を係数行列とする同次連立 1 次方程式の解全体である．よって，V_λ は $\mathbb{R}^n$ の部分空間となるが，これを固有値 λ に対する**固有空間**という．

注意　n 次行列 A によって定まる線形変換 $f_A : \mathbb{R}^n \longrightarrow \mathbb{R}^n$ は固有ベクトルを使って説明すると次のようになる．$\mathbb{R}^n$ の元 $\boldsymbol{x}$ が固有値 λ_1 に対する固有ベクトル $\boldsymbol{x}_1$ と固有値 λ_2 に対する固有ベクトル $\boldsymbol{x}_2$ の和になっているとする．このとき，$f_A(\boldsymbol{x})$ は $\boldsymbol{x}_1$ の λ_1 倍と $\boldsymbol{x}_2$ の λ_2 倍の和になっている．

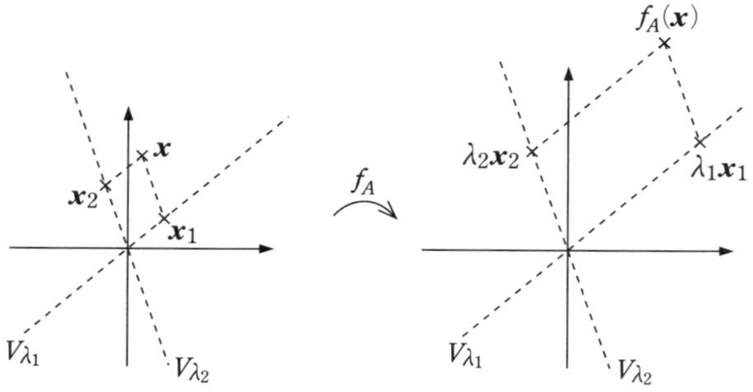

図 4.1　線形変換と固有空間

例 4.3　例 4.1 の行列の固有空間を求めよ．

解.

(1)　-2 に対する固有空間は

$$V_{-2} = \{\boldsymbol{x} \in \mathbb{R}^2 \mid (A + 2E_2)\boldsymbol{x} = \boldsymbol{0}\}$$

である．よって，

$$A + 2E_2 = \begin{pmatrix} 0 & 5 \\ 0 & 5 \end{pmatrix} \longrightarrow \begin{pmatrix} 0 & 1 \\ 0 & 0 \end{pmatrix}$$

となる．ここで "$\longrightarrow$" は，ある行基本変形を表す．よって，

$$V_{-2} = \langle \begin{pmatrix} 1 \\ 0 \end{pmatrix} \rangle$$

である．また，3 に対する固有空間は

$$A - 3E_2 = \begin{pmatrix} -5 & 5 \\ 0 & 0 \end{pmatrix} \longrightarrow \begin{pmatrix} 1 & -1 \\ 0 & 0 \end{pmatrix}$$

なので，

$$V_3 = \langle \begin{pmatrix} 1 \\ 1 \end{pmatrix} \rangle$$

である．

(2)　-3 に対する固有空間は

$$A+3E_2=\begin{pmatrix}4 & 4\\ 5 & 5\end{pmatrix}\longrightarrow\begin{pmatrix}1 & 1\\ 0 & 0\end{pmatrix}$$

であるので，

$$V_{-3}=\langle\begin{pmatrix}-1\\ 1\end{pmatrix}\rangle$$

である．次に，6 に対する固有空間は

$$A-6E_2=\begin{pmatrix}-5 & 4\\ 5 & -4\end{pmatrix}\longrightarrow\begin{pmatrix}5 & -4\\ 0 & 0\end{pmatrix}$$

であるので，

$$V_6=\langle\begin{pmatrix}4\\ 5\end{pmatrix}\rangle$$

である．

(3)　2 に対する固有空間は

$$A-2E_2=\begin{pmatrix}-2 & -4\\ 1 & 2\end{pmatrix}\longrightarrow\begin{pmatrix}1 & 2\\ 0 & 0\end{pmatrix}$$

であるので，

$$V_2=\langle\begin{pmatrix}-2\\ 1\end{pmatrix}\rangle$$

である．

例 4.4　例 4.2 の行列の固有空間を求めよ．

解．

(1)　2 に対する固有空間は

$$A-2E_3=\begin{pmatrix}0 & 5 & -1\\ 0 & 2 & -3\\ 0 & 0 & 4\end{pmatrix}\longrightarrow\begin{pmatrix}0 & 1 & 0\\ 0 & 0 & 1\\ 0 & 0 & 0\end{pmatrix}$$

であるので，

$$V_2 = \langle \begin{pmatrix} 1 \\ 0 \\ 0 \end{pmatrix} \rangle$$

である．4 に対する固有空間は

$$A - 4E_3 = \begin{pmatrix} -2 & 5 & -1 \\ 0 & 0 & -3 \\ 0 & 0 & 2 \end{pmatrix} \longrightarrow \begin{pmatrix} 2 & -5 & 0 \\ 0 & 0 & 1 \\ 0 & 0 & 0 \end{pmatrix}$$

であるので，

$$V_4 = \langle \begin{pmatrix} 5 \\ 2 \\ 0 \end{pmatrix} \rangle$$

である．6 に対する固有空間は

$$A - 6E_3 = \begin{pmatrix} -4 & 5 & -1 \\ 0 & -2 & -3 \\ 0 & 0 & 0 \end{pmatrix} \longrightarrow \begin{pmatrix} -8 & 10 & -2 \\ 0 & -10 & -15 \\ 0 & 0 & 0 \end{pmatrix} \longrightarrow$$

$$\begin{pmatrix} -8 & 0 & -17 \\ 0 & 2 & 3 \\ 0 & 0 & 0 \end{pmatrix} \longrightarrow \begin{pmatrix} 1 & 0 & \frac{17}{8} \\ 0 & 1 & \frac{3}{2} \\ 0 & 0 & 0 \end{pmatrix}$$

であるので，

$$V_6 = \langle \begin{pmatrix} -\frac{17}{8} \\ -\frac{3}{2} \\ 1 \end{pmatrix} \rangle = \langle \begin{pmatrix} -17 \\ -12 \\ 8 \end{pmatrix} \rangle$$

である．

(2)　1 に対する固有空間は

$$A - E_3 = \begin{pmatrix} 4 & 4 & 0 \\ -2 & -2 & 0 \\ -2 & -2 & 0 \end{pmatrix} \longrightarrow \begin{pmatrix} 1 & 1 & 0 \\ 0 & 0 & 0 \\ 0 & 0 & 0 \end{pmatrix}$$

であるので，

$$V_1 = \langle \begin{pmatrix} -1 \\ 1 \\ 0 \end{pmatrix}, \begin{pmatrix} 0 \\ 0 \\ 1 \end{pmatrix} \rangle$$

である．3 に対する固有空間は

$$A - 3E_3 = \begin{pmatrix} 2 & 4 & 0 \\ -2 & -4 & 0 \\ -2 & -2 & -2 \end{pmatrix} \longrightarrow \begin{pmatrix} 1 & 1 & 1 \\ 1 & 2 & 0 \\ 0 & 0 & 0 \end{pmatrix} \longrightarrow \begin{pmatrix} 1 & 0 & 2 \\ 0 & 1 & -1 \\ 0 & 0 & 0 \end{pmatrix}$$

であるので，

$$V_3 = \langle \begin{pmatrix} -2 \\ 1 \\ 1 \end{pmatrix} \rangle$$

である．

(3)　-3 に対する固有空間は

$$A + 3E_3 = \begin{pmatrix} 2 & 3 & -3 \\ 2 & 8 & -8 \\ 2 & 3 & -3 \end{pmatrix} \longrightarrow \begin{pmatrix} 1 & 4 & -4 \\ 2 & 3 & -3 \\ 0 & 0 & 0 \end{pmatrix} \longrightarrow \begin{pmatrix} 1 & 0 & 0 \\ 0 & 1 & -1 \\ 0 & 0 & 0 \end{pmatrix}$$

であるので，

$$V_{-3} = \langle \begin{pmatrix} 0 \\ 1 \\ 1 \end{pmatrix} \rangle$$

である．-1 に対する固有空間は

$$A+E_3=\begin{pmatrix}0&3&-3\\2&6&-8\\2&3&-5\end{pmatrix}\longrightarrow\begin{pmatrix}1&3&-4\\0&1&-1\\2&3&-5\end{pmatrix}\longrightarrow\begin{pmatrix}1&0&-1\\0&1&-1\\0&0&0\end{pmatrix}$$

であるので，

$$V_{-1}=\langle\begin{pmatrix}1\\1\\1\end{pmatrix}\rangle$$

である．2 に対する固有空間は

$$A-2E_3=\begin{pmatrix}-3&3&-3\\2&3&-8\\2&3&-8\end{pmatrix}\longrightarrow\begin{pmatrix}1&-1&1\\2&3&-8\\0&0&0\end{pmatrix}\longrightarrow\begin{pmatrix}1&0&-1\\0&1&-2\\0&0&0\end{pmatrix}$$

であるので，

$$V_2=\langle\begin{pmatrix}1\\2\\1\end{pmatrix}\rangle$$

である．

(4) -1 に対する固有空間は

$$A+E_3=\begin{pmatrix}-1&2&1\\-3&5&2\\7&-11&-4\end{pmatrix}\longrightarrow\begin{pmatrix}1&-2&-1\\0&-1&-1\\0&3&3\end{pmatrix}\longrightarrow\begin{pmatrix}1&0&1\\0&1&1\\0&0&0\end{pmatrix}$$

であるので，

$$V_{-1}=\langle\begin{pmatrix}-1\\-1\\1\end{pmatrix}\rangle$$

である．

問 4.1　次の行列 A の固有値とそれに対する固有空間を求めよ．

(1) $A=\begin{pmatrix}1 & 2\\ 0 & -5\end{pmatrix}$　(2) $A=\begin{pmatrix}13 & -24\\ 4 & -7\end{pmatrix}$　(3) $A=\begin{pmatrix}2 & 9\\ -1 & 8\end{pmatrix}$

(4) $A=\begin{pmatrix}1 & -1 & 2\\ 0 & 2 & -3\\ 0 & 0 & 9\end{pmatrix}$　(5) $A=\begin{pmatrix}3 & 3 & 1\\ 1 & 5 & 1\\ 0 & 0 & 2\end{pmatrix}$　(6) $A=\begin{pmatrix}2 & -1 & -2\\ 4 & -3 & -2\\ 4 & -1 & -4\end{pmatrix}$

(7) $A=\begin{pmatrix}-4 & -10 & -8\\ 5 & 8 & 5\\ -5 & -4 & -1\end{pmatrix}$　(8) $A=\begin{pmatrix}1 & 3 & -1\\ 0 & 2 & 0\\ 1 & -3 & 3\end{pmatrix}$

(9) $A=\begin{pmatrix}-2 & 3 & -3\\ -2 & 5 & -6\\ -2 & 4 & -5\end{pmatrix}$　(10) $A=\begin{pmatrix}1 & 3 & 1 & -2\\ 1 & 1 & 0 & -1\\ 1 & 1 & 0 & -1\\ 3 & 5 & 1 & -4\end{pmatrix}$

(11) $A=\begin{pmatrix}-7 & -4 & 4 & -2\\ 9 & 7 & -5 & 1\\ 3 & 4 & -2 & -1\\ 12 & 8 & -8 & 3\end{pmatrix}$

4.2 行列の対角化

この節では，固有値，固有ベクトルの応用として行列を対角化することを考える．また，このことがその行列によって定まる線形変換についてどのような意味があるかも考える．

定義 4.6　n 次行列 A で，対角成分以外の成分がすべて 0 のとき，すなわち

$$A=\begin{pmatrix}a_{11} & 0 & \cdots & 0\\ 0 & a_{22} & \cdots & 0\\ \vdots & \vdots & \ddots & \vdots\\ 0 & 0 & \cdots & a_{nn}\end{pmatrix}$$

のとき A は**対角行列**と呼ばれる．

注意． n 次行列 A が対角行列のとき，それによって定まる線形変換 $f_A : \mathbb{R}^n \longrightarrow \mathbb{R}^n$ は，A の対角成分を $a_{11}, a_{22}, \cdots, a_{nn}$ とすれば

$$f(\begin{pmatrix} x_1 \\ x_2 \\ \vdots \\ x_n \end{pmatrix}) = \begin{pmatrix} a_{11}x_1 \\ a_{22}x_2 \\ \vdots \\ a_{nn}x_n \end{pmatrix}$$

である．すなわち，その線形変換は各成分を何倍かしているだけの簡単な写像である．ところで，対角行列でない場合にもそれによって定まる線形変換を，基底を標準基底 $\boldsymbol{e}_1, \boldsymbol{e}_2, \cdots, \boldsymbol{e}_n$ から別の基底に取り換えることによって，その取り換えた基底の座標では各成分を何倍かしているだけの写像にできないかどうかを考える．

後でみるように，線形変換が各成分を何倍かしているだけの写像として考えることができるためには次の条件が必要になってくる．

定義 4.7 n 次行列 A に対して，ある正則行列 P が存在して $P^{-1}AP$ が対角行列になるとき，A は**対角化可能**または**半単純**と呼ぶ．

ここで，$P^{-1}AP$ の意味を A で定まる線形変換を通して説明しよう．

命題 4.8 n 次行列 A で定まる線形変換を f_A とし，また，$\boldsymbol{b}_1, \boldsymbol{b}_2, \cdots, \boldsymbol{b}_n$ を $\mathbb{R}^n$ の基底として，n 次行列 $P = (\boldsymbol{b}_1\boldsymbol{b}_2 \cdots \boldsymbol{b}_n)$ を考える．このとき，定理 3.5 および定理 2.15 より P は正則行列であることに注意する．いま，任意の $\mathbb{R}^n$ の元 $\boldsymbol{x}$ を

$$\boldsymbol{x} = x_1\boldsymbol{b}_1 + x_2\boldsymbol{b}_2 + \cdots + x_n\boldsymbol{b}_n,$$

また，$f_A(\boldsymbol{x})$ を

$$f_A(\boldsymbol{x}) = y_1\boldsymbol{b}_1 + y_2\boldsymbol{b}_2 + \cdots + y_n\boldsymbol{b}_n,$$

と表すと，

$$\begin{pmatrix} y_1 \\ y_2 \\ \vdots \\ y_n \end{pmatrix} = P^{-1}AP\begin{pmatrix} x_1 \\ x_2 \\ \vdots \\ x_n \end{pmatrix}$$

が成立する．すなわち，基底 $\boldsymbol{b}_1, \boldsymbol{b}_2, \cdots, \boldsymbol{b}_n$ に関する座標 $(x_1, x_2, \cdots, x_n)$ をもつ $\mathbb{R}^n$ の元は，f_A によって基底 $\boldsymbol{b}_1, \boldsymbol{b}_2, \cdots, \boldsymbol{b}_n$ に関する座標 として $(y_1, y_2, \cdots, y_n)$ をもつ元に写るが，実はこれは $\begin{pmatrix} x_1 \\ x_2 \\ \vdots \\ x_n \end{pmatrix}$ に左から $P^{-1}AP$ を掛けて得られる列ベクトルの成分を横に並べたものである．

証明.　さて，

$$y_1\boldsymbol{b}_1 + y_2\boldsymbol{b}_2 + \cdots + y_n\boldsymbol{b}_n = f_A(\boldsymbol{x}) = x_1 f_A(\boldsymbol{b}_1) + x_2 f_A(\boldsymbol{b}_2) + \cdots + x_n f_A(\boldsymbol{b}_n)$$

を使うと

$$\begin{aligned} P\begin{pmatrix} y_1 \\ y_2 \\ \vdots \\ y_n \end{pmatrix} &= (\boldsymbol{b}_1\ \boldsymbol{b}_2\ \cdots\ \boldsymbol{b}_n)\begin{pmatrix} y_1 \\ y_2 \\ \vdots \\ y_n \end{pmatrix} = y_1\boldsymbol{b}_1 + y_2\boldsymbol{b}_2 + \cdots + y_n\boldsymbol{b}_n \\ &= (f_A(\boldsymbol{b}_1)\ f_A(\boldsymbol{b}_2)\ \cdots\ f_A(\boldsymbol{b}_n))\begin{pmatrix} x_1 \\ x_2 \\ \vdots \\ x_n \end{pmatrix} \\ &= (A\boldsymbol{b}_1\ A\boldsymbol{b}_2\ \cdots\ A\boldsymbol{b}_n)\begin{pmatrix} x_1 \\ x_2 \\ \vdots \\ x_n \end{pmatrix} = AP\begin{pmatrix} x_1 \\ x_2 \\ \vdots \\ x_n \end{pmatrix} \end{aligned}$$

が成立する．ところで，P は正則行列だから

$$\begin{pmatrix} y_1 \\ y_2 \\ \vdots \\ y_n \end{pmatrix} = P^{-1}AP\begin{pmatrix} x_1 \\ x_2 \\ \vdots \\ x_n \end{pmatrix}$$

を得る． (証明終)

注意. もし，A が対角化可能なら，適当な $\mathbb{R}^n$ の基底 $\boldsymbol{b}_1, \boldsymbol{b}_2, \cdots, \boldsymbol{b}_n$ (これらが P の列ベクトルである) が存在して，その基底に関する座標でみれば f_A は各成分を何倍かする写像になる．

次に A が対角化可能なら P の列ベクトル と $P^{-1}AP$ の対角成分は何であるかを調べてみよう．

命題 4.9 A を n 次行列，$P = (\boldsymbol{b}_1\ \boldsymbol{b}_2\ \cdots\ \boldsymbol{b}_n)$ を n 次正則行列として $P^{-1}AP$ が対角行列，すなわち

$$P^{-1}AP = \begin{pmatrix} \lambda_1 & 0 & \cdots & 0 \\ 0 & \lambda_2 & \cdots & 0 \\ \vdots & \vdots & \ddots & \vdots \\ 0 & 0 & \cdots & \lambda_n \end{pmatrix}$$

であるとする．このとき，$\lambda_1, \lambda_2, \cdots, \lambda_n$ はすべて A の固有値で，しかも $i = 1, 2, \cdots, n$ について $\boldsymbol{b}_i$ は固有値 λ_i に対する固有ベクトルである．

証明. 仮定より

$$\begin{aligned}(A\boldsymbol{b}_1 A\boldsymbol{b}_2 \cdots A\boldsymbol{b}_n) &= A(\boldsymbol{b}_1\boldsymbol{b}_2\cdots\boldsymbol{b}_n) = AP \\ &= P\begin{pmatrix} \lambda_1 & 0 & \cdots & 0 \\ 0 & \lambda_2 & \cdots & 0 \\ \vdots & \vdots & \ddots & \vdots \\ 0 & 0 & \cdots & \lambda_n \end{pmatrix}\end{aligned}$$

$$= (\boldsymbol{b}_1\boldsymbol{b}_2\cdots\boldsymbol{b}_n)\begin{pmatrix}\lambda_1 & 0 & \cdots & 0\\ 0 & \lambda_2 & \cdots & 0\\ \vdots & \vdots & \ddots & \vdots\\ 0 & 0 & \cdots & \lambda_n\end{pmatrix}$$
$$= (\lambda_1\boldsymbol{b}_1\ \lambda_2\boldsymbol{b}_2\ \cdots\ \lambda_n\boldsymbol{b}_n)$$

であるので，$i = 1, 2, \cdots, n$ について

$$A\boldsymbol{b}_i = \lambda_i\boldsymbol{b}_i$$

が成立する．これは λ_i が A の固有値で，$\boldsymbol{b}_i$ は固有値 λ_i に対する固有ベクトルであることを意味している．　(証明終)

注意．　A を n 次行列，P を n 次正則行列としたとき

$$\begin{aligned}\Phi_{P^{-1}AP}(x) &= |xE_n - P^{-1}AP| = |P^{-1}(xE_n - A)P|\\ &= |P|^{-1}|xE_n - A||P| = |xE_n - A| = \Phi_A(x)\end{aligned}$$

が成立する．よって，このことより $P^{-1}AP$ が対角行列なら，A の固有値と $P^{-1}AP$ の対角成分は等しいことがわかる．

命題 4.9 の証明より，A の固有ベクトルのみで $\mathbb{R}^n$ の基底がとれれば，それら n 個の列ベクトルを使って n 次行列を作ると，それは正則行列となり，A は対角化されることになる．そのためには，固有ベクトルの 1 次独立性に関する次の補題が重要である．

> **補題 4.10**　A を n 次行列，$\lambda_1, \lambda_2, \cdots, \lambda_r$ を A の相異なる固有値とし，$\boldsymbol{x}_1, \boldsymbol{x}_2, \cdots, \boldsymbol{x}_r$ をそれぞれ固有値 $\lambda_1, \lambda_2, \cdots, \lambda_r$ に対する固有ベクトルとする．このとき，$\boldsymbol{x}_1, \boldsymbol{x}_2, \cdots, \boldsymbol{x}_r$ は 1 次独立である．

証明．　背理法で証明する．すなわち，いま $\boldsymbol{x}_1, \boldsymbol{x}_2, \cdots, \boldsymbol{x}_r$ は 1 次従属であるとする．このとき，$\boldsymbol{x}_1, \boldsymbol{x}_2, \cdots, \boldsymbol{x}_s$ では 1 次独立で，$\boldsymbol{x}_1, \boldsymbol{x}_2, \cdots, \boldsymbol{x}_{s+1}$ では 1 次従属となる $1 \leqq s \leqq r-1$ である s が存在する．よって，

$$\boldsymbol{x}_{s+1} = c_1\boldsymbol{x}_1 + c_2\boldsymbol{x}_2 + \cdots + c_s\boldsymbol{x}_s$$

と表せる．この両辺に A を掛けると

$$\begin{aligned}\lambda_{s+1}\boldsymbol{x}_{s+1} &= A\boldsymbol{x}_{s+1} = c_1A\boldsymbol{x}_1 + c_2A\boldsymbol{x}_2 + \cdots + c_sA\boldsymbol{x}_s \\ &= c_1\lambda_1 x_1 + c_2\lambda_2\boldsymbol{x}_2 + \cdots + c_s\lambda_s\boldsymbol{x}_s\end{aligned}$$

である．また，両辺に λ_{s+1} を掛けると

$$\lambda_{s+1}\boldsymbol{x}_{s+1} = c_1\lambda_{s+1}\boldsymbol{x}_1 + c_2\lambda_{s+1}\boldsymbol{x}_2 + \cdots + c_s\lambda_{s+1}\boldsymbol{x}_s$$

となる．ゆえに，

$$c_1\lambda_1 x_1 + c_2\lambda_2\boldsymbol{x}_2 + \cdots + c_s\lambda_s\boldsymbol{x}_s = c_1\lambda_{s+1}\boldsymbol{x}_1 + c_2\lambda_{s+1}\boldsymbol{x}_2 + \cdots + c_s\lambda_{s+1}\boldsymbol{x}_s$$

を得る．よって，

$$c_1(\lambda_1 - \lambda_{s+1})x_1 + c_2(\lambda_2 - \lambda_{s+1})\boldsymbol{x}_2 + \cdots + c_s(\lambda_s - \lambda_{s+1})\lambda_s\boldsymbol{x}_s = \boldsymbol{0}$$

であるが，仮定より $\boldsymbol{x}_1$, $\boldsymbol{x}_2$, $\cdots$, $\boldsymbol{x}_s$ は 1 次独立であるので，すべての $i = 1, 2, \cdots, s$ について

$$c_i(\lambda_i - \lambda_{s+1}) = 0$$

である．ところで，仮定より $\lambda_i \neq \lambda_{s+1}$ であるので，すべての $i = 1, 2, \cdots, s$ について $c_i = 0$ でなければいけない．しかし，これは

$$\boldsymbol{x}_{s+1} = c_1\boldsymbol{x}_1 + c_2\boldsymbol{x}_2 + \cdots + c_s\boldsymbol{x}_s$$

に矛盾する．ゆえに，$\boldsymbol{x}_1$, $\boldsymbol{x}_2$, $\cdots$, $\boldsymbol{x}_r$ は 1 次独立でなければいけない．

(証明終)

この補題より，対角化可能な行列の十分条件を述べることができる．

命題 4.11　n 次行列 A が相異なる n 個の固有値をもつなら A は対角化可能である．

証明． $\boldsymbol{x}_1$, $\boldsymbol{x}_2$, $\cdots$, $\boldsymbol{x}_n$ をそれぞれ固有値 λ_1, λ_2, $\cdots$, λ_n に対する固有ベクトルとする．このとき補題 4.10 より $\boldsymbol{x}_1$, $\boldsymbol{x}_2$, $\cdots$, $\boldsymbol{x}_n$ は 1 次独立である．よって，定理 3.5 および定理 2.15 より $P = (\boldsymbol{x}_1\ \boldsymbol{x}_2\ \cdots\ \boldsymbol{x}_n)$ は正則行列である．

また

$$\begin{aligned} AP &= A(\boldsymbol{x}_1\ \boldsymbol{x}_2\ \cdots\ \boldsymbol{x}_n) = (A\boldsymbol{x}_1\ A\boldsymbol{x}_2\ \cdots\ A\boldsymbol{x}_n) \\ &= (\lambda_1\boldsymbol{x}_1\ \lambda_2\boldsymbol{x}_2\ \cdots\ \lambda_n\boldsymbol{x}_n) \\ &= (\boldsymbol{x}_1\ \boldsymbol{x}_2\ \cdots\ \boldsymbol{x}_n)\begin{pmatrix} \lambda_1 & 0 & \cdots & 0 \\ 0 & \lambda_2 & \cdots & 0 \\ \vdots & \vdots & \ddots & \vdots \\ 0 & 0 & \cdots & \lambda_n \end{pmatrix} = P\begin{pmatrix} \lambda_1 & 0 & \cdots & 0 \\ 0 & \lambda_2 & \cdots & 0 \\ \vdots & \vdots & \ddots & \vdots \\ 0 & 0 & \cdots & \lambda_n \end{pmatrix} \end{aligned}$$

であるが，P は正則行列であるので

$$P^{-1}AP = \begin{pmatrix} \lambda_1 & 0 & \cdots & 0 \\ 0 & \lambda_2 & \cdots & 0 \\ \vdots & \vdots & \ddots & \vdots \\ 0 & 0 & \cdots & \lambda_n \end{pmatrix}$$

となる．ゆえに A は対角化可能である．　(証明終)

例 4.5　次の行列 A を対角化する正則行列 P とそのときの $P^{-1}AP$ を求めよ．

(1) $A = \begin{pmatrix} 1 & 4 \\ 5 & 2 \end{pmatrix}$　(2) $A = \begin{pmatrix} -1 & 3 & -3 \\ 2 & 5 & -8 \\ 2 & 3 & -6 \end{pmatrix}$

解.

(1)　例 4.1 より，固有値は $-3, 6$ なので命題 4.11 より対角化可能である．また，例 4.3 より

$$V_{-3} = \left\langle \begin{pmatrix} -1 \\ 1 \end{pmatrix} \right\rangle, \quad V_6 = \left\langle \begin{pmatrix} 4 \\ 5 \end{pmatrix} \right\rangle$$

であるので，命題 4.11 の証明より

$$P = \begin{pmatrix} -1 & 4 \\ 1 & 5 \end{pmatrix}$$

とすれば P は正則行列で，しかも

$$P^{-1}AP = \begin{pmatrix} -3 & 0 \\ 0 & 6 \end{pmatrix}$$

である．

(2)　例 4.2 より固有値は -3, -1, 2 であるので命題 4.11 より対角化可能である．また，例 4.4 より

$$V_{-3} = \langle \begin{pmatrix} 0 \\ 1 \\ 1 \end{pmatrix} \rangle, \quad V_{-1} = \langle \begin{pmatrix} 1 \\ 1 \\ 1 \end{pmatrix} \rangle, \quad V_2 = \langle \begin{pmatrix} 1 \\ 2 \\ 1 \end{pmatrix} \rangle$$

であるので，命題 4.11 の証明より

$$P = \begin{pmatrix} 0 & 1 & 1 \\ 1 & 1 & 2 \\ 1 & 1 & 1 \end{pmatrix}$$

とすれば P は正則行列で，しかも

$$P^{-1}AP = \begin{pmatrix} -3 & 0 & 0 \\ 0 & -1 & 0 \\ 0 & 0 & 2 \end{pmatrix}$$

である．

問 4.2　i) 次の行列 A を対角化する正則行列 P とそのときの $P^{-1}AP$ を求めよ．

(1) $\begin{pmatrix} -7 & -6 \\ 18 & 14 \end{pmatrix}$　(2) $\begin{pmatrix} 5 & -2 & -2 \\ -1 & 7 & 3 \\ 1 & -4 & 0 \end{pmatrix}$　(3) $\begin{pmatrix} 6 & 2 & 7 \\ -2 & 1 & -2 \\ -4 & -2 & -5 \end{pmatrix}$

ii) 線形変換 $f : \mathbb{R}^2 \longrightarrow \mathbb{R}^2$ の行列を $A = \begin{pmatrix} -43 & -24 \\ 80 & 45 \end{pmatrix}$ とする．$\mathbb{R}^2$ のある基底 $\boldsymbol{b}_1$, $\boldsymbol{b}_2$ をとって f を基底 $\boldsymbol{b}_1$, $\boldsymbol{b}_2$ に関する座標でみると，(x_1, x_2) を $(\lambda_1 x_1, \lambda_2 x_2)$ に写す変換になっているという．$\lambda_1 < \lambda_2$ として，次の問に答えよ．

(1) λ_1, λ_2 および $\boldsymbol{b}_1, \boldsymbol{b}_2$ を求めよ．

(2) $\boldsymbol{a} = \begin{pmatrix} -5 \\ 9 \end{pmatrix}$ を基底 $\boldsymbol{b}_1, \boldsymbol{b}_2$ に関する座標で表せ．

(3) n を正の整数としたとき，$A^n\boldsymbol{a}$ を n を用いて表せ．

4.3　実対称行列の直交行列による対角化

この節では，応用上重要な実対称行列の対角化について取り扱う．しかも，対角化に用いる正則行列は幾何学的に重要な直交行列でとれることをみる．

> **定義 4.12**　n 次行列 A が ${}^tA = A$ を満たすとき，A を**対称行列**と呼ぶ．また，対称行列であって，しかもそのすべての成分が実数であるとき**実対称行列**と呼ぶ．

定義 4.1 の後の注意で述べたように，行列 A のすべての成分が実数であっても，その固有値はすべて実数とは限らない．しかし，実対称行列に限ると次のことがわかる．

> **定理 4.13**　実対称行列 A の固有値はすべて実数である．

証明．　いま，(複素数を成分とする) 列ベクトル $\boldsymbol{x} = \begin{pmatrix} x_1 \\ x_2 \\ \vdots \\ x_n \end{pmatrix}$ に対して

$\overline{\boldsymbol{x}} = \begin{pmatrix} \overline{x}_1 \\ \overline{x}_2 \\ \vdots \\ \overline{x}_n \end{pmatrix}$ とおく．ただし，複素数 α に対して $\overline{\alpha}$ は α の共役複素数である．

さて，λ を A の固有値とする．このとき，ある零ベクトルでない列ベクトル $\boldsymbol{x}$ が存在して $A\boldsymbol{x} = \lambda\boldsymbol{x}$ である．ところで，仮定より A のすべての成分は

実数であるので，上記の式の共役複素数を考えると

$$\overline{\lambda}\overline{\boldsymbol{x}} = A\overline{\boldsymbol{x}}$$

である．そして，この両辺に左から ${}^t\boldsymbol{x}$ を掛けると

$$\overline{\lambda}\,{}^t\boldsymbol{x}\overline{\boldsymbol{x}} = {}^t\boldsymbol{x}A\overline{\boldsymbol{x}}$$

であるが，A が対称行列であることに注意すると

$$\overline{\lambda}\,{}^t\boldsymbol{x}\overline{\boldsymbol{x}} = {}^t\boldsymbol{x}\,{}^tA\overline{\boldsymbol{x}} = {}^t({}^t\overline{\boldsymbol{x}}A\boldsymbol{x}) = {}^t({}^t\overline{\boldsymbol{x}}\lambda\boldsymbol{x}) = \lambda\,{}^t({}^t\overline{\boldsymbol{x}}\boldsymbol{x}) = \lambda\,{}^t\boldsymbol{x}\overline{\boldsymbol{x}}$$

となる．よって，

$$(\lambda - \overline{\lambda})\,{}^t\boldsymbol{x}\overline{\boldsymbol{x}} = 0$$

となるが $\boldsymbol{x} = \begin{pmatrix} x_1 \\ x_2 \\ \vdots \\ x_n \end{pmatrix}$ は零ベクトルでないので

$${}^t\boldsymbol{x}\overline{\boldsymbol{x}} = (x_1\ x_2\ \cdots\ x_n)\begin{pmatrix} \overline{x}_1 \\ \overline{x}_2 \\ \vdots \\ \overline{x}_n \end{pmatrix} = x_1\overline{x}_1 + x_2\overline{x}_2 + \cdots + x_n\overline{x}_n \neq 0$$

である．ゆえに，$\lambda = \overline{\lambda}$ を得る．よって，λ は実数である． (証明終)

次に実対称行列の固有ベクトルがどのようになっているかを調べてみよう．

> **定理 4.14** 実対称行列 A の相異なる固有値に対する固有ベクトルは直交する．

証明. λ, μ を A の相異なる固有値とし，$\boldsymbol{x}, \boldsymbol{y}$ をそれぞれ λ, μ に対する固有ベクトルとする．いま，$\mu\boldsymbol{y} = A\boldsymbol{y}$ だから，両辺に ${}^t\boldsymbol{x}$ を掛けると A は対称行列だから

$$\mu\,{}^t\boldsymbol{x}\boldsymbol{y} = {}^t\boldsymbol{x}A\boldsymbol{y} = {}^t\boldsymbol{x}\,{}^tA\boldsymbol{y} = {}^t(A\boldsymbol{x})\boldsymbol{y} = {}^t(\lambda\boldsymbol{x})\boldsymbol{y} = \lambda\,{}^t\boldsymbol{x}\boldsymbol{y}$$

となり，

$$(\mu - \lambda)\,{}^t\boldsymbol{x}\boldsymbol{y} = 0$$

を得る．ところで，$\mu \neq \lambda$ であるので

$$(\boldsymbol{x}, \boldsymbol{y}) = {}^t\boldsymbol{x}\boldsymbol{y} = 0$$

が成立する．すなわち，$\boldsymbol{x}$ と $\boldsymbol{y}$ は直交する．　(証明終)

例 4.6

(1)　2 次実対称行列 $A = \begin{pmatrix} 1 & 2 \\ 2 & 1 \end{pmatrix}$ を考える．いま，固有多項式は

$$\Phi_A(x) = \begin{vmatrix} x-1 & -2 \\ -2 & x-1 \end{vmatrix} = (x-1)^2 - 4 = (x+1)(x-3)$$

であるので，A の固有値は $-1, 3$ で，実数である．

また，-1 に対する固有空間 V_{-1} は

$$A + E_2 = \begin{pmatrix} 2 & 2 \\ 2 & 2 \end{pmatrix} \longrightarrow \begin{pmatrix} 1 & 1 \\ 0 & 0 \end{pmatrix}$$

だから $V_{-1} = \left\langle \begin{pmatrix} -1 \\ 1 \end{pmatrix} \right\rangle$ である．また，3 に対する固有空間 V_3 は

$$A - 3E_2 = \begin{pmatrix} -2 & 2 \\ 2 & -2 \end{pmatrix} \longrightarrow \begin{pmatrix} 1 & -1 \\ 0 & 0 \end{pmatrix}$$

だから $V_3 = \left\langle \begin{pmatrix} 1 \\ 1 \end{pmatrix} \right\rangle$ である．ところで，$\begin{pmatrix} -1 \\ 1 \end{pmatrix}$ と $\begin{pmatrix} 1 \\ 1 \end{pmatrix}$ とは直交するので，任意の -1 に対する固有ベクトルと任意の 3 に対する固有ベクトルは直交する．

(2) 3 次実対称行列 $\begin{pmatrix} 0 & -1 & -1 \\ -1 & 0 & 1 \\ -1 & 1 & 0 \end{pmatrix}$ を考える．いま，固有多項式は

$$\Phi_A(x) = \begin{vmatrix} x & 1 & 1 \\ 1 & x & -1 \\ 1 & -1 & x \end{vmatrix} = x^3 - 3x - 2 = (x+1)^2(x-2)$$

であるので A の固有値は $-1, 2$ で，実数である．

次に -1 に対する固有空間 V_{-1} は

$$A + E_3 = \begin{pmatrix} 1 & -1 & -1 \\ -1 & 1 & 1 \\ -1 & 1 & 1 \end{pmatrix} \longrightarrow \begin{pmatrix} 1 & -1 & -1 \\ 0 & 0 & 0 \\ 0 & 0 & 0 \end{pmatrix}$$

だから

$$V_{-1} = \left\langle \begin{pmatrix} 1 \\ 1 \\ 0 \end{pmatrix}, \begin{pmatrix} 1 \\ 0 \\ 1 \end{pmatrix} \right\rangle$$

である．また，2 に対する固有空間 V_2 は

$$A - 2E_3 = \begin{pmatrix} -2 & -1 & -1 \\ -1 & -2 & 1 \\ -1 & 1 & -2 \end{pmatrix} \longrightarrow \begin{pmatrix} 1 & -1 & 2 \\ 0 & 1 & -1 \\ 0 & 0 & 0 \end{pmatrix} \longrightarrow \begin{pmatrix} 1 & 0 & 1 \\ 0 & 1 & -1 \\ 0 & 0 & 0 \end{pmatrix}$$

だから

$$V_2 = \left\langle \begin{pmatrix} -1 \\ 1 \\ 1 \end{pmatrix} \right\rangle$$

である．ところで，$\begin{pmatrix} 1 \\ 1 \\ 0 \end{pmatrix}$ と $\begin{pmatrix} -1 \\ 1 \\ 1 \end{pmatrix}$，そして $\begin{pmatrix} 1 \\ 0 \\ 1 \end{pmatrix}$ と $\begin{pmatrix} -1 \\ 1 \\ 1 \end{pmatrix}$ とは直交するので，任意の -1 に対する固有ベクトルと任意の 2 に対する固有ベクトルとは直交する．

上記の例をみてもわかるように，実対称行列は正則行列によって対角化できるのである．しかも次の定理でみるように，その正則行列は直交行列でとれる．

定理 4.15　n 次実対称行列 A は対角化可能である．しかも，直交行列で対角化される．すなわち，ある直交行列 P が存在して ${}^tPAP = P^{-1}AP$ は対角行列である．

証明．　まず，次数 n に関する数学的帰納法によって，

$$ {}^tPAP = \begin{pmatrix} \lambda_1 & * & * & \cdots & * \\ 0 & \lambda_2 & * & \cdots & * \\ 0 & 0 & \lambda_3 & \cdots & * \\ \vdots & \vdots & \vdots & \ddots & \vdots \\ 0 & 0 & 0 & \cdots & \lambda_n \end{pmatrix} $$

となる直交行列 P が存在することを示す．すなわち，${}^tPAP$ の対角成分の左下の成分はすべて 0 にできる．

$n=1$ のときは明らかである．いま，$n-1$ 次実対称行列のときは直交行列で上記のような形にできると仮定する．λ_1 を A の 1 つの固有値とし，$\boldsymbol{a}_1$ は λ_1 に対する固有ベクトルで長さを 1 とする．すなわち，$|\boldsymbol{a}_1| = 1$ である．いま，$\boldsymbol{a}_1, \boldsymbol{a}_2, \cdots, \boldsymbol{a}_n$ が $\boldsymbol{R}^n$ の正規直交基底となるように，$\boldsymbol{a}_2, \cdots, \boldsymbol{a}_n$ を選ぶ．これは定理 3.38 のシュミットの直交化を使って選ぶことができる．このとき $Q = (\boldsymbol{a}_1\ \boldsymbol{a}_2\ \cdots\ \boldsymbol{a}_n)$ とおけば，命題 3.37 の後の注意より，Q は直交行列で

$$ \begin{aligned} {}^tQAQ &= {}^tQA(\boldsymbol{a}_1\ \boldsymbol{a}_2\ \cdots\ \boldsymbol{a}_n) = {}^tQ(A\boldsymbol{a}_1\ A\boldsymbol{a}_2\ \cdots\ A\boldsymbol{a}_n) \\ &= \begin{pmatrix} {}^t\boldsymbol{a}_1 \\ {}^t\boldsymbol{a}_2 \\ \vdots \\ {}^t\boldsymbol{a}_n \end{pmatrix} (\lambda_1\boldsymbol{a}_1\ A\boldsymbol{a}_2\ \cdots\ A\boldsymbol{a}_n) \end{aligned} $$

となり，第１列は

$$\begin{pmatrix} {}^t\boldsymbol{a}_1\lambda_1\boldsymbol{a}_1 \\ {}^t\boldsymbol{a}_2\lambda_1\boldsymbol{a}_1 \\ \vdots \\ {}^t\boldsymbol{a}_n\lambda_1\boldsymbol{a}_1 \end{pmatrix} = \begin{pmatrix} \lambda_1 \\ 0 \\ \vdots \\ 0 \end{pmatrix}$$

となる．よって

$${}^tQAQ = \begin{pmatrix} \lambda_1 & * \\ \mathbf{0} & A_1 \end{pmatrix}$$

である．ここで A_1 は $n-1$ 次行列であるが，さらに

$$\begin{pmatrix} \lambda_1 & O_{1,n-1} \\ {}^t* & {}^tA_1 \end{pmatrix} = {}^t({}^tQAQ) = {}^tQ\,{}^tAQ = {}^tQAQ = \begin{pmatrix} \lambda_1 & * \\ \mathbf{0} & A_1 \end{pmatrix}$$

であるので ${}^tA_1 = A_1$ となり，A_1 は $n-1$ 次実対称行列になる．よって帰納法の仮定より，ある $n-1$ 次直交行列 P_1 が存在して

$${}^tP_1A_1P_1 = \begin{pmatrix} \lambda_2 & * & \cdots & * \\ 0 & \lambda_3 & \cdots & * \\ \vdots & \vdots & \ddots & \vdots \\ 0 & 0 & \cdots & \lambda_n \end{pmatrix}$$

とできる．ここで

$$R = \begin{pmatrix} 1 & O_{1,n-1} \\ \mathbf{0} & P_1 \end{pmatrix}, \quad P = QR$$

とおくと P は直交行列である．なぜなら

$$\begin{aligned} {}^tPP &= {}^tR\,{}^tQQR = {}^tRE_nR = {}^tRR \\ &= \begin{pmatrix} 1 & O_{1,n-1} \\ \mathbf{0} & {}^tP_1 \end{pmatrix}\begin{pmatrix} 1 & O_{1,n-1} \\ \mathbf{0} & P_1 \end{pmatrix} = \begin{pmatrix} 1 & O_{1,n-1} \\ \mathbf{0} & {}^tP_1P_1 \end{pmatrix} = E_n \end{aligned}$$

となるからである．この P が求める直交行列である．実際，

$${}^tPAP = {}^tR\,{}^tQAQR = \begin{pmatrix} 1 & O_{1,n-1} \\ \mathbf{0} & {}^tP_1 \end{pmatrix}\begin{pmatrix} \lambda_1 & * \\ \mathbf{0} & A_1 \end{pmatrix}\begin{pmatrix} 1 & O_{1,n-1} \\ \mathbf{0} & P_1 \end{pmatrix}$$

$$
= \begin{pmatrix} \lambda_1 & * \\ \mathbf{0} & {}^tP_1A_1 \end{pmatrix}\begin{pmatrix} 1 & O_{1,n-1} \\ \mathbf{0} & P_1 \end{pmatrix} = \begin{pmatrix} \lambda_1 & * \\ \mathbf{0} & {}^tP_1A_1P_1 \end{pmatrix}
$$

$$
= \begin{pmatrix} \lambda_1 & * & * & \cdots & * \\ 0 & \lambda_2 & * & \cdots & * \\ 0 & 0 & \lambda_3 & \cdots & * \\ \vdots & \vdots & \vdots & \ddots & \vdots \\ 0 & 0 & 0 & \cdots & \lambda_n \end{pmatrix}
$$

となり，最初の主張が証明されたことになる．

ところで，A は対称行列だから

$$
\begin{pmatrix} \lambda_1 & 0 & 0 & \cdots & 0 \\ * & \lambda_2 & 0 & \cdots & 0 \\ * & * & \lambda_3 & \cdots & 0 \\ \vdots & \vdots & \vdots & \ddots & \vdots \\ * & * & * & \cdots & \lambda_n \end{pmatrix} = {}^t({}^tPAP) = {}^tP\,{}^tAP = {}^tPAP
$$

$$
= \begin{pmatrix} \lambda_1 & * & * & \cdots & * \\ 0 & \lambda_2 & * & \cdots & * \\ 0 & 0 & \lambda_3 & \cdots & * \\ \vdots & \vdots & \vdots & \ddots & \vdots \\ 0 & 0 & 0 & \cdots & \lambda_n \end{pmatrix}
$$

となるので，

$$
{}^tPAP = \begin{pmatrix} \lambda_1 & 0 & 0 & \cdots & 0 \\ 0 & \lambda_2 & 0 & \cdots & 0 \\ 0 & 0 & \lambda_3 & \cdots & 0 \\ \vdots & \vdots & \vdots & \ddots & \vdots \\ 0 & 0 & 0 & \cdots & \lambda_n \end{pmatrix}
$$

が成立する．よって，実対称行列 A は直交行列 P によって対角化される．

(証明終)

以上のことより，次のようにすれば n 次実対称行列 A は直交行列 P によって対角化される．A のすべての固有値 $\lambda_1, \lambda_2, \cdots, \lambda_r$ を求める．次に λ_i に対する固有空間 V_{λ_i} を求める．そして，定理 3.38 のシュミットの直交化を用いて V_{λ_i} の正規直交基底 $\boldsymbol{a}_1^{(i)}, \boldsymbol{a}_2^{(i)}, \cdots, \boldsymbol{a}_{m_i}^{(i)}$ を求める．よって，これらの正規直交基底を並べて行列

$$P = (\boldsymbol{a}_1^{(1)} \ \cdots \ \boldsymbol{a}_{m_1}^{(1)} \ \boldsymbol{a}_1^{(2)} \ \cdots \ \boldsymbol{a}_{m_2}^{(2)} \ \cdots \ \boldsymbol{a}_1^{(r)} \ \cdots \ \boldsymbol{a}_{m_r}^{(r)})$$

を作ると n 次行列（定理 4.17 の後の注意を参照）で，しかも定理 4.14 より直交行列になっている．このとき

$$ {}^tPAP = P^{-1}AP = \begin{pmatrix} \lambda_1 E_{m_1} & O_{m_1,m_2} & \cdots & O_{m_1,m_r} \\ O_{m_2,m_1} & \lambda_2 E_{m_2} & \cdots & O_{m_2,m_r} \\ \vdots & \vdots & \ddots & \vdots \\ O_{m_r,m_1} & O_{m_r,m_2} & \cdots & \lambda_r E_{m_r} \end{pmatrix}$$

である．

例 4.7　次の実対称行列 A を対角化する直交行列 P および ${}^tPAP$ を求めよ．

(1) $A = \begin{pmatrix} 1 & 2 \\ 2 & 1 \end{pmatrix}$　(2) $A = \begin{pmatrix} -2 & 2 & 1 \\ 2 & -3 & 2 \\ 1 & 2 & -2 \end{pmatrix}$

(3) $A = \begin{pmatrix} 0 & -1 & -1 \\ -1 & 0 & 1 \\ -1 & 1 & 0 \end{pmatrix}$

解.

(1)　例 4.6 (1) より，固有値は $-1, 3$ で，固有空間は

$$V_{-1} = \langle \begin{pmatrix} -1 \\ 1 \end{pmatrix} \rangle, \quad V_3 = \langle \begin{pmatrix} 1 \\ 1 \end{pmatrix} \rangle$$

である．V_{-1} の正規直交基底は, 長さを 1 にすればよいのだから $\dfrac{1}{\sqrt{2}}\begin{pmatrix} -1 \\ 1 \end{pmatrix}$

である．同様に V_3 の正規直交基底は $\dfrac{1}{\sqrt{2}}\begin{pmatrix}1\\1\end{pmatrix}$ である．よって，

$$P=\frac{1}{\sqrt{2}}\begin{pmatrix}-1&1\\1&1\end{pmatrix}$$

とすれば，直交行列で，しかも

$${}^tPAP=\begin{pmatrix}-1&0\\0&3\end{pmatrix}$$

となる．

(2)　A の固有多項式は

$$\begin{aligned}\varPhi_A(x)\ &=\ \begin{vmatrix}x+2&-2&-1\\-2&x+3&-2\\-1&-2&x+2\end{vmatrix}\\&=\ x^3+7x^2+7x-15=(x+5)(x+3)(x-1)\end{aligned}$$

だから，固有値は $-5,\,-3,\,1$ である．次に固有空間を求めよう．

$$A+5E_3=\begin{pmatrix}3&2&1\\2&2&2\\1&2&3\end{pmatrix}\longrightarrow\begin{pmatrix}1&1&1\\0&1&2\\0&-1&-2\end{pmatrix}\longrightarrow\begin{pmatrix}1&0&-1\\0&1&2\\0&0&0\end{pmatrix}$$

となるから

$$V_{-5}=\left\langle\begin{pmatrix}1\\-2\\1\end{pmatrix}\right\rangle$$

であるが，正規直交基底は長さが 1 であればよいのだから V_{-5} の正規直交基底は $\dfrac{1}{\sqrt{6}}\begin{pmatrix}1\\-2\\1\end{pmatrix}$ である．また

$$A+3E_3=\begin{pmatrix}1&2&1\\2&0&2\\1&2&1\end{pmatrix}\longrightarrow\begin{pmatrix}1&2&1\\0&-4&0\\0&0&0\end{pmatrix}\longrightarrow\begin{pmatrix}1&0&1\\0&1&0\\0&0&0\end{pmatrix}$$

より

$$V_{-3} = \langle \begin{pmatrix} -1 \\ 0 \\ 1 \end{pmatrix} \rangle$$

だから，V_{-3} の正規直交基底は $\dfrac{1}{\sqrt{2}} \begin{pmatrix} -1 \\ 0 \\ 1 \end{pmatrix}$ である．最後に

$$A - E_3 = \begin{pmatrix} -3 & 2 & 1 \\ 2 & -4 & 2 \\ 1 & 2 & -3 \end{pmatrix} \longrightarrow \begin{pmatrix} 1 & 2 & -3 \\ 0 & -8 & 8 \\ 0 & 8 & -8 \end{pmatrix} \longrightarrow \begin{pmatrix} 1 & 0 & -1 \\ 0 & 1 & -1 \\ 0 & 0 & 0 \end{pmatrix}$$

より

$$V_1 = \langle \begin{pmatrix} 1 \\ 1 \\ 1 \end{pmatrix} \rangle$$

だから，V_1 の正規直交基底は $\dfrac{1}{\sqrt{3}} \begin{pmatrix} 1 \\ 1 \\ 1 \end{pmatrix}$ である．よって

$$P = \frac{1}{\sqrt{6}} \begin{pmatrix} 1 & -\sqrt{3} & \sqrt{2} \\ -2 & 0 & \sqrt{2} \\ 1 & \sqrt{3} & \sqrt{2} \end{pmatrix}$$

とすれば直交行列で

$${}^tPAP = \begin{pmatrix} -5 & 0 & 0 \\ 0 & -3 & 0 \\ 0 & 0 & 1 \end{pmatrix}$$

が成立する．

(3)　例 4.6 (2) より A の固有値は $-1, 2$ で，固有空間は

$$V_{-1} = \langle \begin{pmatrix} 1 \\ 1 \\ 0 \end{pmatrix}, \begin{pmatrix} 1 \\ 0 \\ 1 \end{pmatrix} \rangle, \quad V_2 = \langle \begin{pmatrix} -1 \\ 1 \\ 1 \end{pmatrix} \rangle$$

である．V_{-1} の正規直交基底は定理 3.38 のシュミットの直交化を使って求める．

$$\begin{aligned} \boldsymbol{b}_1 &= \begin{pmatrix} 1 \\ 1 \\ 0 \end{pmatrix}, \quad \boldsymbol{b}_1' = \frac{1}{|\boldsymbol{b}_1|}\boldsymbol{b}_1 = \frac{1}{\sqrt{2}} \begin{pmatrix} 1 \\ 1 \\ 0 \end{pmatrix}, \\ \boldsymbol{b}_2 &= \begin{pmatrix} 1 \\ 0 \\ 1 \end{pmatrix} - \frac{1}{\sqrt{2}} \frac{1}{\sqrt{2}} \begin{pmatrix} 1 \\ 1 \\ 0 \end{pmatrix} = \frac{1}{2} \begin{pmatrix} 1 \\ -1 \\ 2 \end{pmatrix}, \\ \boldsymbol{b}_2' &= \frac{1}{|\boldsymbol{b}_2|}\boldsymbol{b}_2 = \frac{1}{\sqrt{6}} \begin{pmatrix} 1 \\ -1 \\ 2 \end{pmatrix} \end{aligned}$$

となるので，V_{-1} の正規直交基底は

$$\frac{1}{\sqrt{2}} \begin{pmatrix} 1 \\ 1 \\ 0 \end{pmatrix}, \quad \frac{1}{\sqrt{6}} \begin{pmatrix} 1 \\ -1 \\ 2 \end{pmatrix}$$

である．また, V_2 の正規直交基底は長さを 1 にすればよいから $\frac{1}{\sqrt{3}} \begin{pmatrix} -1 \\ 1 \\ 1 \end{pmatrix}$

である．よって

$$P = \frac{1}{\sqrt{6}} \begin{pmatrix} \sqrt{3} & 1 & -\sqrt{2} \\ \sqrt{3} & -1 & \sqrt{2} \\ 0 & 2 & \sqrt{2} \end{pmatrix}$$

とすれば，直交行列であり，しかも

$$
{}^tPAP = \begin{pmatrix} -1 & 0 & 0 \\ 0 & -1 & 0 \\ 0 & 0 & 2 \end{pmatrix}
$$

となる．

問 4.3 次の実対称行列 A を対角化する直交行列 P および ${}^tPAP$ を求めよ．

(1) $A = \begin{pmatrix} -3 & -4 \\ -4 & 3 \end{pmatrix}$ (2) $A = \begin{pmatrix} 4 & -5 & -2 \\ -5 & 4 & -2 \\ -2 & -2 & -8 \end{pmatrix}$

(3) $A = \begin{pmatrix} -1 & 1 & -1 \\ 1 & -1 & -1 \\ -1 & -1 & -1 \end{pmatrix}$ (4) $A = \begin{pmatrix} 15 & -10 & -5 \\ -10 & -6 & 2 \\ -5 & 2 & -9 \end{pmatrix}$

4.4 行列が対角化できるための条件

前の 2 つの節では，n 次行列で相異なる固有値を n 個もつ場合と n 次実対称行列の場合に対角化できることを示した．この節では，この 2 つのいずれの条件も満たさない n 次行列についての対角化の問題を取り上げる．

例 4.8

$A = \begin{pmatrix} 5 & 4 & 0 \\ -2 & -1 & 0 \\ -2 & -2 & 1 \end{pmatrix}$ の固有値は，例 4.2 より $1, 3$ の 2 個であるが，固有空間は例 4.4 より

$$
V_1 = \left\langle \begin{pmatrix} -1 \\ 1 \\ 0 \end{pmatrix}, \begin{pmatrix} 0 \\ 0 \\ 1 \end{pmatrix} \right\rangle, \quad V_3 = \left\langle \begin{pmatrix} -2 \\ 1 \\ 1 \end{pmatrix} \right\rangle
$$

である．いま，

$$P = \begin{pmatrix} -1 & 0 & -2 \\ 1 & 0 & 1 \\ 0 & 1 & 1 \end{pmatrix}$$

とすると，行列式が -1 だから正則行列になり，P の列ベクトルのとり方より

$$AP = P\begin{pmatrix} 1 & 0 & 0 \\ 0 & 1 & 0 \\ 0 & 0 & 3 \end{pmatrix}$$

であることがわかる．よって，A は P によって対角化され，

$$P^{-1}AP = \begin{pmatrix} 1 & 0 & 0 \\ 0 & 1 & 0 \\ 0 & 0 & 3 \end{pmatrix}$$

となる．

上記のように n 次行列の固有値の個数が n 個より少なくて，実対称行列でない場合でも対角化される場合がある．では，どういう条件のとき対角化されるかを考えてみよう．

定義 4.16　A を n 次行列とし，A の固有多項式 $\Phi_A(x)$ を1次式の積 (もちろん，複素数の範囲で) に因数分解して

$$\Phi_A(x) = (x-\lambda_1)^{m_1}(x-\lambda_2)^{m_2}\cdots(x-\lambda_r)^{m_r},$$

ただし，$i \neq j$ なら $\lambda_i \neq \lambda_j$ とする．このとき，m_i を固有値 λ_i の**重複度**と呼ぶ．

定理 4.17　A を n 次行列，$\lambda_1, \lambda_2, \cdots, \lambda_r$ を A のすべての相異なる固有値とする．いま，すべての $i = 1, 2, \cdots, r$ について，m_i を固有値 λ_i の重複度としたとき

$$\dim V_{\lambda_i} = m_i$$

が成立するならば，A は対角化可能である．

証明． いま，固有値 λ_i に対する固有空間 V_{λ_i} の基底を $\boldsymbol{a}_1^{(i)}$, $\boldsymbol{a}_2^{(i)}$, $\cdots$, $\boldsymbol{a}_{m_i}^{(i)}$ とする．このとき $\boldsymbol{a}_1^{(1)}$, $\boldsymbol{a}_2^{(1)}$, $\cdots$, $\boldsymbol{a}_{m_1}^{(1)}$, $\boldsymbol{a}_1^{(2)}$, $\boldsymbol{a}_2^{(2)}$, $\cdots$, $\boldsymbol{a}_{m_2}^{(2)}$, $\cdots$, $\boldsymbol{a}_1^{(r)}$, $\boldsymbol{a}_2^{(r)}$, $\cdots$, $\boldsymbol{a}_{m_r}^{(r)}$ は 1 次独立である．実際，1 次関係式

$$c_1^{(1)}\boldsymbol{a}_1^{(1)} + \cdots + c_{m_1}^{(1)}\boldsymbol{a}_{m_1}^{(1)} + c_1^{(2)}\boldsymbol{a}_1^{(2)} + \cdots + c_{m_2}^{(2)}\boldsymbol{a}_{m_2}^{(2)} +$$

$$\cdots + c_1^{(r)}\boldsymbol{a}_1^{(r)} + \cdots + c_{m_r}^{(r)}\boldsymbol{a}_{m_r}^{(r)} = \boldsymbol{0}$$

があるとすると，補題 4.10 より，すべての $i = 1, 2, \cdots, r$ について

$$c_1^{(i)}\boldsymbol{a}_1^{(i)} + \cdots + c_{m_i}^{(i)}\boldsymbol{a}_{m_i}^{(i)} = \boldsymbol{0}$$

が成立する．ところで仮定より，

$$c_1^{(i)} = \cdots = c_{m_i}^{(i)} = 0$$

を得るので，1 次独立であることが示された．よって，A の固有ベクトルで $m_1 + m_2 + \cdots + m_r$ 個の 1 次独立なものが得られた．ところで，重複度の定義より $m_1 + m_2 + \cdots + m_r = n$ だから，これら n 個を列ベクトルとして並べて作った n 次行列 P で A は対角化される． (証明終)

注意． 実は定理 4.17 の逆も成立する．すなわち，A のある固有値 λ に対する固有空間の次元が λ の重複度と等しくない (この場合，必ず重複度より小さくなるが) ときは A は対角化可能でない．しかし，この証明は省略して結果だけを使うことにする．

固有値が 1 個だけのときは，対角化可能かどうかは次のように簡単に判定できる．

命題 4.18 $n \geqq 2$ として，n 次行列 A が唯一つの固有値を持つとする．このとき次は同値である．

(1) A は対角化可能である．

(2) A は対角行列である．

このとき，その固有値を λ とすれば，$A = \lambda E_n$ である．

証明.　(2) から (1) は明らかである．(1) を仮定すると，A の固有値は λ のみであるから，命題 4.9 より，ある正則行列 P が存在して

$$P^{-1}AP = \lambda E_n$$

となる．よって

$$A = P\lambda E_n P^{-1} = \lambda P E_n P^{-1} = \lambda E_n$$

となり，A は対角行列である．　(証明終)

例 4.9　次の行列 A が対角化可能かどうかを判定し，対角化可能なら，対角化する正則行列 P と $P^{-1}AP$ を求めよ．

(1) $A = \begin{pmatrix} 0 & -4 \\ 1 & 4 \end{pmatrix}$　(2) $A = \begin{pmatrix} 5 & 4 & -1 \\ -2 & -1 & 1 \\ 0 & 0 & 1 \end{pmatrix}$

(3) $A = \begin{pmatrix} -2 & 2 & 1 \\ -3 & 4 & 2 \\ 7 & -11 & -5 \end{pmatrix}$　(4) $A = \begin{pmatrix} -4 & -3 & -3 \\ 0 & -1 & 0 \\ 6 & 6 & 5 \end{pmatrix}$

(5) $A = \begin{pmatrix} 1 & 4 & -2 & -2 \\ 2 & 1 & -2 & 0 \\ 2 & 4 & -3 & -2 \\ 2 & 0 & -2 & 1 \end{pmatrix}$

解.

(1)　例 4.1 より固有値は 2 のみであり，A は対角行列でないから，命題 4.18 より対角化可能でない．

(2)　固有多項式は

$$\begin{aligned} \varPhi_A(x) &= \begin{vmatrix} x-5 & -4 & 1 \\ 2 & x+1 & -1 \\ 0 & 0 & x-1 \end{vmatrix} \\ &= (x-5)(x+1)(x-1) + 8(x-1) = (x-1)^2(x-3) \end{aligned}$$

となり，固有値は 1, 3 で，1 の重複度が 2 である．ここで固有値 1 に対する固有空間を考えると

$$A - E_3 = \begin{pmatrix} 4 & 4 & -1 \\ -2 & -2 & 1 \\ 0 & 0 & 0 \end{pmatrix} \longrightarrow \begin{pmatrix} 1 & 1 & 0 \\ 0 & 0 & 1 \\ 0 & 0 & 0 \end{pmatrix}$$

だから

$$V_1 = \langle \begin{pmatrix} -1 \\ 1 \\ 0 \end{pmatrix} \rangle$$

である．よって，

$$\dim V_1 = 1 \neq 2$$

であるので，定理 4.17 の後の注意より A は対角化可能でない．

(3) 例 4.2 より，固有値は -1 のみで，唯一つである．また A は対角行列でない．よって，命題 4.18 より A は対角化可能でない．

(4) A の固有多項式は

$$\begin{aligned} \varPhi_A(x) &= \begin{vmatrix} x+4 & 3 & 3 \\ 0 & x+1 & 0 \\ -6 & -6 & x-5 \end{vmatrix} = (x+4)(x+1)(x-5) + 18(x+1) \\ &= (x+1)(x^2 - x - 20 + 18) = (x+1)^2(x-2) \end{aligned}$$

だから，固有値は $-1, 2$ である．まず，重複度 2 の固有値 -1 に対する固有空間から調べると

$$A + E_3 = \begin{pmatrix} -3 & -3 & -3 \\ 0 & 0 & 0 \\ 6 & 6 & 6 \end{pmatrix} \longrightarrow \begin{pmatrix} 1 & 1 & 1 \\ 0 & 0 & 0 \\ 0 & 0 & 0 \end{pmatrix}$$

であるので，固有空間は

$$V_{-1} = \langle \begin{pmatrix} -1 \\ 1 \\ 0 \end{pmatrix}, \begin{pmatrix} -1 \\ 0 \\ 1 \end{pmatrix} \rangle$$

となる．もうこれで，A が対角化可能であることがわかるのである．何故なら，2 に対する固有空間で 1 次元は出てくるからである．さて，それは

$$A - 2E_3 = \begin{pmatrix} -6 & -3 & -3 \\ 0 & -3 & 0 \\ 6 & 6 & 3 \end{pmatrix} \longrightarrow \begin{pmatrix} 2 & 0 & 1 \\ 0 & 1 & 0 \\ 0 & 0 & 0 \end{pmatrix}$$

となるから

$$V_2 = \langle \begin{pmatrix} 1 \\ 0 \\ -2 \end{pmatrix} \rangle$$

である．よって，

$$P = \begin{pmatrix} -1 & -1 & 1 \\ 1 & 0 & 0 \\ 0 & 1 & -2 \end{pmatrix}$$

によって A は対角化され，

$$P^{-1}AP = \begin{pmatrix} -1 & 0 & 0 \\ 0 & -1 & 0 \\ 0 & 0 & 2 \end{pmatrix}$$

である．

(5)　A の固有多項式は

$$\begin{aligned} \Phi_A(x) &= \begin{vmatrix} x-1 & -4 & 2 & 2 \\ -2 & x-1 & 2 & 0 \\ -2 & -4 & x+3 & 2 \\ -2 & 0 & 2 & x-1 \end{vmatrix} \\ &\overset{3\,列+1\,列}{=} \begin{vmatrix} x-1 & -4 & x+1 & 2 \\ -2 & x-1 & 0 & 0 \\ -2 & -4 & x+1 & 2 \\ -2 & 0 & 0 & x-1 \end{vmatrix} \end{aligned}$$

$$\overset{③-①}{=} \begin{vmatrix} x-1 & -4 & x+1 & 2 \\ -2 & x-1 & 0 & 0 \\ -x-1 & 0 & 0 & 0 \\ -2 & 0 & 0 & x-1 \end{vmatrix}$$

$$= (x+1)\begin{vmatrix} -2 & x-1 & 0 \\ -x-1 & 0 & 0 \\ -2 & 0 & x-1 \end{vmatrix} = (x+1)^2(x-1)^2$$

となるので A の固有値は $-1, 1$ であり，ともに重複度は 2 である．次に -1 に対する固有空間 V_{-1} を求めよう．

$$A+E_4 = \begin{pmatrix} 2 & 4 & -2 & -2 \\ 2 & 2 & -2 & 0 \\ 2 & 4 & -2 & -2 \\ 2 & 0 & -2 & 2 \end{pmatrix} \longrightarrow$$

$$\begin{pmatrix} 1 & 1 & -1 & 0 \\ 1 & 2 & -1 & -1 \\ 1 & 0 & -1 & 1 \\ 0 & 0 & 0 & 0 \end{pmatrix} \longrightarrow \begin{pmatrix} 1 & 0 & -1 & 1 \\ 0 & 1 & 0 & -1 \\ 0 & 0 & 0 & 0 \\ 0 & 0 & 0 & 0 \end{pmatrix}$$

であるので

$$V_{-1} = \left\langle \begin{pmatrix} 1 \\ 0 \\ 1 \\ 0 \end{pmatrix}, \begin{pmatrix} -1 \\ 1 \\ 0 \\ 1 \end{pmatrix} \right\rangle$$

である．また，

$$A-E_4 = \begin{pmatrix} 0 & 4 & -2 & -2 \\ 2 & 0 & -2 & 0 \\ 2 & 4 & -4 & -2 \\ 2 & 0 & -2 & 0 \end{pmatrix} \longrightarrow$$

$$\begin{pmatrix} 1 & 0 & -1 & 0 \\ 0 & 2 & -1 & -1 \\ 1 & 2 & -2 & -1 \\ 0 & 0 & 0 & 0 \end{pmatrix} \longrightarrow \begin{pmatrix} 1 & 0 & -1 & 0 \\ 0 & 2 & -1 & -1 \\ 0 & 0 & 0 & 0 \\ 0 & 0 & 0 & 0 \end{pmatrix}$$

であるので，固有値 1 に対する固有空間 V_1 は

$$V_1 = \langle \begin{pmatrix} 2 \\ 1 \\ 2 \\ 0 \end{pmatrix}, \begin{pmatrix} 0 \\ 1 \\ 0 \\ 2 \end{pmatrix} \rangle$$

である．ゆえに，A は $P = \begin{pmatrix} 1 & -1 & 2 & 0 \\ 0 & 1 & 1 & 1 \\ 1 & 0 & 2 & 0 \\ 0 & 1 & 0 & 2 \end{pmatrix}$ によって対角化されて

$$P^{-1}AP = \begin{pmatrix} -1 & 0 & 0 & 0 \\ 0 & -1 & 0 & 0 \\ 0 & 0 & 1 & 0 \\ 0 & 0 & 0 & 1 \end{pmatrix}$$

である．

問 4.4　問 4.1 で与えられた行列 A が対角化可能かどうかを判定し，対角化可能なら，対角化する正則行列 P と $P^{-1}AP$ を求めよ．

問 4.5　次の行列 A が対角化可能かどうかを判定し，対角化可能なら，対角化する正則行列 P と $P^{-1}AP$ を求めよ．

(1) $A = \begin{pmatrix} -3 & 4 & 2 \\ -4 & 5 & 2 \\ 4 & -4 & -1 \end{pmatrix}$　(2) $A = \begin{pmatrix} -2 & 2 & 1 \\ -5 & 7 & 3 \\ 9 & -14 & -6 \end{pmatrix}$

(3) $A = \begin{pmatrix} 5 & -2 & 1 & -4 \\ 3 & -6 & 4 & 2 \\ 0 & -6 & 5 & 6 \\ 3 & -2 & 1 & -2 \end{pmatrix}$

問 4.6 2次行列 $A=\begin{pmatrix}5 & 8-2a\\ a-4 & 3a-7\end{pmatrix}$,

3次行列 $B=\begin{pmatrix}5 & 8-2a & -2a\\ a-4 & 3a-7 & a\\ 0 & 0 & 3\end{pmatrix}$ について次の問に答えよ．ただし，a は定数とする．

(1) A の固有値を求めよ．

(2) B が2個の固有値しかもたないとき，対角化可能かどうかを理由を付けて判定し，対角化できる場合は対角化せよ．

注意． A を対角化可能でない2次行列，すなわち A は唯一つの固有値 λ を持ち，しかも対角行列でない．このとき，ある正則行列 P が存在して

$$P^{-1}AP=\begin{pmatrix}\lambda & 1\\ 0 & \lambda\end{pmatrix}$$

とできる．このような対角行列に近い形の行列を A の**ジョルダン標準形**と呼ぶ．3次以上の対角化可能でない行列についても，同様のことが成立するが，このことについては，この教科書ではこれ以上触れないことにする．

4.5 実2次形式

この節では，実数を係数とする n 変数の同次2次式が，いつすべての実数（すべてが0である場合は除く）で正の値をとるかという問題を考える．この問題には，実対称行列の直交行列による対角化が使われる．

定義 4.19 n 個の変数 $x_1, x_2, \cdots, x_n$ の実数を係数とする同次2次式

$$\sum_{i=1}^{n}\sum_{j=1}^{n}a_{ij}x_ix_j=a_{11}{x_1}^2+a_{12}x_1x_2+\cdots+a_{1n}x_1x_n+a_{21}x_2x_1+a_{22}{x_2}^2+$$

$$\cdots+a_{2n}x_2x_n+\cdots+a_{n1}x_nx_1+a_{n2}x_nx_2+\cdots+a_{nn}{x_n}^2$$

を**実2次形式**と呼ぶ．このとき，$x_ix_j = x_jx_i$ だから

$$(a_{ij}+a_{ji})x_ix_j = \frac{a_{ij}+a_{ji}}{2}x_ix_j + \frac{a_{ij}+a_{ji}}{2}x_jx_i$$

と考えることにより，$a_{ij} = a_{ji}$ と考えてもよい．よって，実2次形式は

$$\sum_{i=1}^{n} a_{ii}{x_i}^2 + 2\sum_{i<j} a_{ij}x_ix_j = a_{11}{x_1}^2 + a_{22}{x_2}^2 + \cdots + a_{nn}{x_n}^2 +$$

$$2a_{12}x_1x_2 + 2a_{13}x_1x_3 + \cdots + +2a_{n-1n}x_{n-1}x_n$$

と表すことができる．

補題 4.20　すべての n 変数の実2次形式 $Q(x_1, x_2, \cdots, x_n)$ は，ある n 次実対称行列 $A = (a_{ij})$ によって

$$Q(x_1, x_2, \cdots, x_n) = {}^t\boldsymbol{x}A\boldsymbol{x},$$

と表せる．ただし，$\boldsymbol{x}$ は変数ベクトル，すなわち $\boldsymbol{x} = \begin{pmatrix} x_1 \\ x_2 \\ \vdots \\ x_n \end{pmatrix}$ である．

証明.　いま，与えられた n 変数の実2次形式を

$$Q(x_1, x_2, \cdots, x_n) = \sum_{i=1}^{n} a_{ii}{x_i}^2 + 2\sum_{i<j} a_{ij}x_ix_j$$

$$= a_{11}{x_1}^2 + a_{22}{x_2}^2 + \cdots + a_{nn}{x_n}^2 + 2a_{12}x_1x_2 + 2a_{13}x_1x_3 + \cdots + 2a_{n-1n}x_{n-1}x_n$$

とする．このとき n 次行列 A を $i \leqq j$ のときは (i,j) 成分は a_{ij} とし，$i > j$ のときは (i,j) 成分は a_{ji} とすると，A は明らかに n 次実対称行列である．さ

らに,

$$
\begin{aligned}
{}^t\boldsymbol{x}A\boldsymbol{x} &= (x_1\ x_2\ \cdots\ x_n)\begin{pmatrix} a_{11} & a_{12} & \cdots & a_{1n} \\ a_{12} & a_{22} & \cdots & a_{2n} \\ \vdots & \vdots & \ddots & \vdots \\ a_{1n} & a_{2n} & \cdots & a_{nn} \end{pmatrix}\begin{pmatrix} x_1 \\ x_2 \\ \vdots \\ x_n \end{pmatrix} \\
&= (x_1\ x_2\ \cdots\ x_n)\begin{pmatrix} a_{11}x_1 + a_{12}x_2 + \cdots + a_{1n}x_n \\ a_{12}x_1 + a_{22}x_2 + \cdots + a_{2n}x_n \\ \vdots \\ a_{1n}x_1 + a_{2n}x_2 + \cdots + a_{nn}x_n \end{pmatrix} \\
&= x_1(a_{11}x_1 + a_{12}x_2 + \cdots + a_{1n}x_n) \\
&\quad + x_2(a_{12}x_1 + a_{22}x_2 + \cdots + a_{2n}x_n) + \cdots \\
&\quad + x_n(a_{1n}x_1 + a_{2n}x_2 + \cdots + a_{nn}x_n) \\
&= a_{11}{x_1}^2 + a_{22}{x_2}^2 + \cdots + a_{nn}{x_n}^2 + 2a_{12}x_1x_2 + 2a_{13}x_1x_3 + \\
&\qquad \cdots + 2a_{n-1n}x_{n-1}x_n
\end{aligned}
$$

となる.　(証明終)

上記の実対称行列 A は実 2 次形式 $Q(x_1, x_2, \cdots, x_n)$ によって唯一つ定まるので,この A を **実 2 次形式 $\boldsymbol{Q(x_1, x_2, \cdots, x_n)}$ の行列**と呼ぶことにする.

例 4.10　次の実 2 次形式の行列 A を求めよ.

(1)　${x_1}^2 + 4x_1x_2 + 3{x_2}^2$

(2)　$2{x_1}^2 - 10{x_2}^2 + 6{x_3}^2 - 8x_1x_2 + 2x_1x_3 + 6x_2x_3$

解.

(1) $A = \begin{pmatrix} 1 & 2 \\ 2 & 3 \end{pmatrix}$　(2) $A = \begin{pmatrix} 2 & -4 & 1 \\ -4 & -10 & 3 \\ 1 & 3 & 6 \end{pmatrix}$

興味がある実 2 次形式およびその行列は次のものである.

定義 4.21　実2次形式

$$Q(x_1, x_2, \cdots, x_n) = \sum_{i=1}^{n} a_{ii}{x_i}^2 + 2\sum_{i<j} a_{ij}x_ix_j$$

が零ベクトルでないすべての $\boldsymbol{x} = \begin{pmatrix} x_1 \\ x_2 \\ \vdots \\ x_n \end{pmatrix}$ に対して，常に

$$Q(x_1, x_2, \cdots, x_n) > 0$$

のとき**正定値**であるという．また，このとき実2次形式 $Q(x_1, x_2, \cdots, x_n)$ の行列である実対称行列 A も**正定値**と呼ぶことにする．すなわち，A が正定値とは，零ベクトルでないすべての $\boldsymbol{x}$ について ${}^t\boldsymbol{x}A\boldsymbol{x} > 0$ が成立することである．

では，実対称行列が正定値であるための条件を考えてみよう．

定理 4.22　n 次実対称行列 A について次は同値である．

(1)　A は正定値である．

(2)　A の固有値はすべて正である．

証明.　いま，$\lambda_1, \lambda_2, \cdots, \lambda_n$ を A のすべての固有値を重複度をこめて並べたものとする．すなわち，固有値 λ の重複度が2なら，λ, λ と2つならべるのである．このとき，定理 4.15 および命題 4.9 の後の注意より，ある直交行列 P が存在して

$$ {}^tPAP = \begin{pmatrix} \lambda_1 & 0 & \cdots & 0 \\ 0 & \lambda_2 & \cdots & 0 \\ \vdots & \vdots & \ddots & \vdots \\ 0 & 0 & \cdots & \lambda_n \end{pmatrix}$$

となる．いま，$\boldsymbol{y} = \begin{pmatrix} y_1 \\ y_2 \\ \vdots \\ y_n \end{pmatrix} = {}^t P\boldsymbol{x}$ とおくと

$$\begin{aligned}
{}^t\boldsymbol{x}A\boldsymbol{x} &= {}^t\boldsymbol{x}E_nAE_n\boldsymbol{x} = {}^t\boldsymbol{x}P\,{}^tPAP\,{}^tP\boldsymbol{x} = {}^t({}^tP\boldsymbol{x})\,{}^tPAP({}^tP\boldsymbol{x}) \\
&= (y_1\ y_2\ \cdots\ y_n)\begin{pmatrix} \lambda_1 & 0 & \cdots & 0 \\ 0 & \lambda_2 & \cdots & 0 \\ \vdots & \vdots & \ddots & \vdots \\ 0 & 0 & \cdots & \lambda_n \end{pmatrix}\begin{pmatrix} y_1 \\ y_2 \\ \vdots \\ y_n \end{pmatrix} \\
&= (\lambda_1 y_1\ \lambda_2 y_2\ \cdots\ \lambda_n y_n)\begin{pmatrix} y_1 \\ y_2 \\ \vdots \\ y_n \end{pmatrix} = \lambda_1 {y_1}^2 + \lambda_2 {y_2}^2 + \cdots + \lambda_n {y_n}^2
\end{aligned}$$

である．ここで，$\boldsymbol{y} = {}^tP\boldsymbol{x}$ で P は正則行列であるから，$\boldsymbol{x}$ が零ベクトルでないすべての n 次元ベクトルを動けば，$\boldsymbol{y}$ も零ベクトルでないすべての n 次元ベクトルを動くことを注意しておく．

いま，A が正定値だとすると，零ベクトルでないすべての $\boldsymbol{x}$ について ${}^t\boldsymbol{x}A\boldsymbol{x} > 0$ である．すなわち，すべての零ベクトルでない $\boldsymbol{y} = \begin{pmatrix} y_1 \\ y_2 \\ \vdots \\ y_n \end{pmatrix}$ について

$$\lambda_1 {y_1}^2 + \lambda_2 {y_2}^2 + \cdots + \lambda_n {y_n}^2 > 0$$

である．よって，$y_1 \neq 0, y_2 = \cdots = y_n = 0$ とすると $\lambda_1 {y_1}^2 > 0$ であるから $\lambda_1 > 0$ でなければいけない．同様にして，すべての $i = 2, 3, \cdots, n$ について $\lambda_i > 0$ でなければいけない．ゆえに A のすべての固有値は正である．よって，(1) から (2) が示された．

A の固有値がすべて正だとすると，零ベクトルでない $\boldsymbol{x}$ について

$$ {}^t\boldsymbol{x}A\boldsymbol{x} = \lambda_1 {y_1}^2 + \lambda_2 {y_2}^2 + \cdots + \lambda_n {y_n}^2 > 0 $$

であるので，A は正定値である．よって (2) から (1) も示された．　(証明終)

例 4.11　次の実 2 次形式が正定値かどうかを判定せよ．

(1)　$Q(x_1, x_2) = {x_1}^2 + 4x_1x_2 + {x_2}^2$

(2)　$Q(x_1, x_2) = 3{x_1}^2 + 2x_1x_2 + 3{x_2}^2$

(3)　$Q(x_1, x_2, x_3) = -2{x_1}^2 + 4x_1x_2 + 2x_1x_3 - 3{x_2}^2 + 4x_2x_3 - 2{x_3}^2$

(4)　$Q(x_1, x_2, x_3) = 2{x_1}^2 + 3{x_2}^2 + 2{x_3}^2 + 4x_1x_2 + 2x_1x_3 + 4x_2x_3$

解.

(1)　$Q(x_1, x_2)$ の行列 A は $A = \begin{pmatrix} 1 & 2 \\ 2 & 1 \end{pmatrix}$ で，その固有値は例 4.6 (1) より $-1, 3$ であるので定理 4.22 より正定値でない．

(2)　$Q(x_1, x_2)$ の行列 A は $A = \begin{pmatrix} 3 & 1 \\ 1 & 3 \end{pmatrix}$ で，その固有多項式は

$$ \varPhi_A = \begin{vmatrix} x-3 & -1 \\ -1 & x-3 \end{vmatrix} = (x-2)(x-4) $$

であるので，A の固有値は $2, 4$ でともに正であるので，定理 4.22 より正定値である．

(3)　$Q(x_1, x_2, x_3)$ の行列 A は $A = \begin{pmatrix} -2 & 2 & 1 \\ 2 & -3 & 2 \\ 1 & 2 & -2 \end{pmatrix}$ で，その固有値は例 4.7 (2) より $-5, -3, 1$ であるので，定理 4.22 より正定値でない．

(4)　$Q(x_1, x_2, x_3)$ の行列 A は $A = \begin{pmatrix} 2 & 2 & 1 \\ 2 & 3 & 2 \\ 1 & 2 & 2 \end{pmatrix}$ であるので，その固有多項

式は

$$\Phi_A(x) = \begin{vmatrix} x-2 & -2 & -1 \\ -2 & x-3 & -2 \\ -1 & -2 & x-2 \end{vmatrix} = x^3 - 7x^2 + 7x - 1$$

$$= (x-1)(x^2-6x+1) = (x-1)(x-(3+2\sqrt{2}))(x-(3-2\sqrt{2}))$$

だから，A の固有値は $1, 3+2\sqrt{2}, 3-2\sqrt{2}$ であるが，これらはすべて正であるので定理 4.22 より正定値である．

問 4.7　次の実2次形式が正定値かどうかを判定せよ．

(1)　$Q(x_1, x_2) = 2{x_1}^2 + 2x_1x_2 + 3{x_2}^2$

(2)　$Q(x_1, x_2) = 2{x_1}^2 + 6x_1x_2 + 2{x_2}^2$

(3)　$Q(x_1, x_2, x_3) = 3{x_1}^2 + 4x_1x_2 - 2x_1x_3 + 4{x_2}^2 + 4x_2x_3 + 3{x_3}^2$

(4)　$Q(x_1, x_2, x_3) = 2{x_1}^2 + 3{x_2}^2 + 2{x_3}^2 + 4x_1x_2 + 6x_1x_3 + 4x_2x_3$

(5)　$Q(x_1, x_2, x_3) = 3{x_1}^2 + 4{x_2}^2 + 3{x_3}^2 + 4x_1x_2 + 4x_2x_3$

(6)　$Q(x_1, x_2, x_3) = a{x_1}^2 + a{x_2}^2 + a{x_3}^2 + 4x_1x_2 - 2x_1x_3 + 2x_2x_3$，ただし，$a$ は定数．

解　答

第0章

問 **0.1** (1) $\begin{pmatrix} 2 \\ -4 \end{pmatrix}$　(2) $\begin{pmatrix} 2 \\ -4 \end{pmatrix}$　(3) $\begin{pmatrix} 0 \\ 0 \end{pmatrix}$

問 **0.2** (1) $\sqrt{2}$　(2) $\sqrt{1+t^2}$　(3) $-1-t$　(4) $t=-1$　(5) $t=0$

問 **0.3** (1) $\begin{pmatrix} 3 \\ -6 \\ 9 \end{pmatrix}$　(2) $\begin{pmatrix} 2 \\ -4 \\ 2 \end{pmatrix}$　(3) $\begin{pmatrix} -3 \\ 6 \\ -7 \end{pmatrix}$

問 **0.4** (1) $\sqrt{6}$　(2) $\sqrt{t^2+2}$　(3) $t+1$　(4) $t=-1$　(5) 2

問 **0.5** $\begin{cases} x = 5+3t \\ y = -2-t \\ z = 3+3t \end{cases}$　　$\dfrac{x-5}{3} = \dfrac{y+2}{-1} = \dfrac{z-3}{3}$

問 **0.6** $(0,-6,1)$

問 **0.7** $\dfrac{11}{\sqrt{131}}x - \dfrac{3}{\sqrt{131}}y + \dfrac{z}{\sqrt{131}} = \dfrac{1}{\sqrt{131}}$　　原点からの距離は $\dfrac{1}{\sqrt{131}}$

第1章

問 **1.1** (1) 4行3列の行列　(2) $(7\ 8\ 9)$　(3) $\begin{pmatrix} 2 \\ 5 \\ 8 \\ 11 \end{pmatrix}$　(4) 8

問 **1.2** $\begin{pmatrix} 3 & 10 & 1 \\ 16 & -1 & 22 \end{pmatrix}$

問 **1.3** $X = \begin{pmatrix} 2 & 1 \\ 1 & -3 \end{pmatrix},\ Y = \begin{pmatrix} 0 & -1 \\ -2 & 4 \end{pmatrix}$

問 1.4 (1) $-\boldsymbol{e}_1 + \boldsymbol{e}_2 - 7\boldsymbol{e}_3$　(2) $-2\boldsymbol{a}_1 - 5\boldsymbol{a}_2$

問 1.5 (1) $\begin{pmatrix} 36 & 41 \\ 64 & 73 \end{pmatrix}$　(2) $\begin{pmatrix} 2 & 0 & -2 \\ 4 & 2 & 0 \\ 6 & 4 & 2 \\ 8 & 6 & 4 \end{pmatrix}$　(3) $\begin{pmatrix} -8 & -12 \\ -10 & -15 \end{pmatrix}$

(4) -23　(5) $\begin{pmatrix} -4 & 0 & 2 \\ 1 & -7 & 5 \\ 4 & 6 & -10 \end{pmatrix}$

問 1.6 (1) $\begin{pmatrix} -\frac{1}{2} & 0 \\ 0 & \frac{1}{3} \end{pmatrix}$　(2) $\begin{pmatrix} 0 & -1 \\ \frac{1}{3} & 0 \end{pmatrix}$　(3) $\begin{pmatrix} 3 & 2 \\ 5 & 3 \end{pmatrix}$

問 1.7 (1) $\begin{pmatrix} 1 & 0 & -1 \\ 0 & 1 & 2 \\ 0 & 0 & 0 \end{pmatrix}$, 階数は 2　(2) $\begin{pmatrix} 1 & 0 & 0 \\ 0 & 1 & 0 \\ 0 & 0 & 1 \end{pmatrix}$, 階数は 3

(3) $\begin{pmatrix} 1 & 0 & -2 & 2 \\ 0 & 1 & 2 & 0 \\ 0 & 0 & 0 & 0 \end{pmatrix}$, 階数は 2

(4) $a = 1$ のとき，$\begin{pmatrix} 1 & 1 & 1 \\ 0 & 0 & 0 \\ 0 & 0 & 0 \end{pmatrix}$, 階数は 1

$a = -1$ のとき，$\begin{pmatrix} 1 & 0 & 0 \\ 0 & 1 & -1 \\ 0 & 0 & 0 \end{pmatrix}$, 階数は 2

$a \neq 1, -1$ のとき，$\begin{pmatrix} 1 & 0 & 0 \\ 0 & 1 & 0 \\ 0 & 0 & 1 \end{pmatrix}$, 階数は 3

問 1.8 (1) $\begin{pmatrix} 5 & 2 \\ 2 & 1 \end{pmatrix}$　(2) $\begin{pmatrix} -\frac{1}{2} & \frac{5}{4} \\ \frac{1}{2} & -\frac{3}{4} \end{pmatrix}$　(3) $\begin{pmatrix} 7 & 4 & -2 \\ -2 & -1 & 1 \\ -3 & -2 & 1 \end{pmatrix}$

(4) $\begin{pmatrix} -13 & -11 & -4 \\ 8 & 7 & 3 \\ 2 & 2 & 1 \end{pmatrix}$　(5) $\begin{pmatrix} -1 & -1 & 2 \\ -1 & 0 & 1 \\ -1 & 3 & -1 \end{pmatrix}$

(6) $\begin{pmatrix} 6 & -7 & 2 \\ -8 & 9 & -3 \\ -13 & 14 & -5 \end{pmatrix}$　(7) $\begin{pmatrix} 8 & 2 & 9 \\ 5 & 1 & 6 \\ 17 & 4 & 19 \end{pmatrix}$

(8) $\begin{pmatrix} 1 & -1 & 0 \\ \frac{7}{2} & -\frac{3}{2} & -\frac{3}{2} \\ 3 & -2 & -1 \end{pmatrix}$　(9) $\begin{pmatrix} 1 & -1 & 1 & 1 \\ 0 & -1 & 1 & 1 \\ 1 & 1 & 0 & -1 \\ 0 & -2 & 1 & 1 \end{pmatrix}$

(10) $\begin{pmatrix} 1 & 1 & 0 & 1 \\ 1 & 2 & -1 & -1 \\ 1 & -1 & -2 & 0 \\ -1 & 0 & 2 & 1 \end{pmatrix}$　(11) $\begin{pmatrix} 10 & -5 & -21 & 7 \\ 0 & 1 & 2 & -1 \\ -4 & 3 & 11 & -4 \\ -1 & 1 & 3 & -1 \end{pmatrix}$

問 1.9 (1) $\begin{cases} x = -2t \\ y = -3t \\ z = t \end{cases}$，　t は任意の数.

(2) $k = -7$, $\begin{cases} x = -1 - 2t \\ y = 3 - 3t \\ z = t \end{cases}$，　t は任意の数.

(3) $\begin{cases} x_1 = -2t_1 + 3t_2 \\ x_2 = t_1 \\ x_3 = t_2 \end{cases}$，　t_1, t_2 は任意の数.

(4) $a = -9$, $b = 6$, $\begin{cases} x = 2t_1 - 5t_2 + 3 \\ y = t_1 \\ z = t_2 \end{cases}$，　t_1, t_2 は任意の数.

(5) $\begin{cases} x_1 = 0 \\ x_2 = 0 \\ x_3 = 0 \end{cases}$ (6) $\begin{cases} x_1 = 30 \\ x_2 = -28 \\ x_3 = -11 \end{cases}$

(7) $a = 20,\ k = -5,\ \begin{cases} x_1 = 27 + 3t \\ x_2 = -20 - 5t \\ x_3 = t \end{cases}$, t は任意の数, $a \neq 20,\ x_3 = \dfrac{k+5}{a-20}$

. x

(8) $\begin{cases} x = 32 \\ y = 25 \\ z = -11 \\ w = 6 \end{cases}$ (9) $\begin{cases} x = t \\ y = -2t \\ z = t \\ w = 0 \end{cases}$,　t は任意の数.

(10) $\begin{cases} x_1 = -39 + t \\ x_2 = 49 - t \\ x_3 = 9 - t \\ x_4 = t \end{cases}$, t は任意の数.

(11) $a = 3,\ b = -10,$ $\begin{cases} x_1 = 3 - t_1 + 2t_2 \\ x_2 = -1 + 2t_1 + t_2 \\ x_3 = t_1 \\ x_4 = t_2 \end{cases}$,　t_1, t_2 は任意の数.

(12) $\begin{cases} x = -8 - t/2 \\ y = t \\ z = -6 \\ w = -8 \end{cases}$, t は任意の数.

第 2 章

問 2.1 (1) 1　(2) -1　(3) 0　(4) -2　(5) -20

問 **2.2** (1) -4 (2) 54 (3) -98 (4) x^3-3x+2

問 **2.3** (1) -56 (2) -4 (3) -30 (4) 35 (5) $2(x-1)^3$ (6) 6 (7) -8

問 **2.4** (1) 0 (2) -20 (3) -7 (4) 18 (5) -23 (6) 48 (7) -48

問 **2.5** (1) 10 (2) 30 (3) $(a+b+c)(a-b+c)(a+b-c)(a-b-c)$
(4) $x^2(x+1)^2$ (5) -8 (6) 2

問 **2.6** (1) $\begin{pmatrix} -5 & 2 & 1 \\ 9 & -3 & -2 \\ -13 & 5 & 3 \end{pmatrix}$ (2) $\dfrac{1}{7}\begin{pmatrix} 7 & -2 & -3 \\ 0 & 3 & 1 \\ -7 & 1 & 5 \end{pmatrix}$

(3) $\dfrac{1}{14a}\begin{pmatrix} 7 & 3a+2 & 2a-1 \\ 0 & 4a & -2a \\ 7 & -3a+2 & -2a-1 \end{pmatrix}$

問 **2.7** (1) $\begin{pmatrix} x \\ y \end{pmatrix} = \dfrac{1}{3}\begin{pmatrix} -45 \\ -34 \end{pmatrix}$ (2) $\begin{pmatrix} x \\ y \end{pmatrix} = \begin{pmatrix} a \\ a^2 \end{pmatrix}$

(3) $\begin{pmatrix} x_1 \\ x_2 \\ x_3 \end{pmatrix} = \dfrac{1}{20}\begin{pmatrix} -7 \\ 15 \\ -13 \end{pmatrix}$ (4) $\begin{pmatrix} x \\ y \\ z \end{pmatrix} = \begin{pmatrix} 2 \\ 1 \\ -3 \end{pmatrix}$

(5) $x_1 = \dfrac{2a^2-1}{2a^2}$, $x_2 = \dfrac{a-1}{2a^2}$, $x_3 = \dfrac{2a+1}{2a}$

問 **2.8** (1) $\begin{pmatrix} 1 \\ 1 \\ 1 \end{pmatrix}$ (2) $\begin{pmatrix} -13 \\ 23 \\ 19 \end{pmatrix}$ (3) $\begin{pmatrix} 6(s+t)t \\ -3(s+t)s \\ -3(s^2-t^2) \end{pmatrix}$

問 **2.9** (1) $5x-y+4z=3$ (2) $x-19y-14z=-2$

第 3 章

問 3.1 (1) $\left\langle \begin{pmatrix} 1 \\ 1 \\ 1 \end{pmatrix} \right\rangle$　(2) $\left\langle \begin{pmatrix} -1 \\ 2 \\ 1 \\ 0 \end{pmatrix}, \begin{pmatrix} 2 \\ 1 \\ 0 \\ 1 \end{pmatrix} \right\rangle$

問 3.2 (1) $a = \pm 2$ なら 1 次従属，$a \neq \pm 2$ なら 1 次独立

(2) 1 次独立　(3) 1 次従属

(4) $a = 1, 2, -3$ なら 1 次従属，$a \neq 1, 2, -3$ なら 1 次独立

(5) $a = 0$ なら 1 次従属，$a \neq 0$ なら 1 次独立

問 3.3 (1) $a = -6$ なら 1 次従属，$a \neq -6$ なら 1 次独立　(2) 1 次独立　(3) 1 次独立　(4) $a = 4$ なら 1 次従属，$a \neq 4$ なら 1 次独立

問 3.4 (1) $a \neq \pm 4$ のとき，基底は $\begin{pmatrix} a \\ 2 \end{pmatrix}, \begin{pmatrix} 8 \\ a \end{pmatrix}$ または $\boldsymbol{e}_1$, $\boldsymbol{e}_2$ で 2 次元，$a = \pm 4$ のとき，基底は $\begin{pmatrix} a \\ 2 \end{pmatrix}$ で 1 次元

(2) 基底は $\begin{pmatrix} -1 \\ 4 \\ 3 \end{pmatrix}, \begin{pmatrix} 1 \\ -2 \\ -1 \end{pmatrix}$ で 2 次元

(3) 基底は $\begin{pmatrix} -1 \\ 4 \\ 3 \end{pmatrix}, \begin{pmatrix} 1 \\ -2 \\ -1 \end{pmatrix}, \begin{pmatrix} 3 \\ -2 \\ -1 \end{pmatrix}$ または $\boldsymbol{e}_1$, $\boldsymbol{e}_2$, $\boldsymbol{e}_3$ で 3 次元

(4) $a = 1$ のとき基底は $\begin{pmatrix} 1 \\ 1 \\ 1 \end{pmatrix}$ で 1 次元，$a = -1$ のとき基底は $\begin{pmatrix} -1 \\ 1 \\ 1 \end{pmatrix}$, $\begin{pmatrix} 1 \\ -1 \\ 1 \end{pmatrix}$ で 2 次元，$a \neq 1, -1$ のとき基底は $\boldsymbol{e}_1$, $\boldsymbol{e}_2$, $\boldsymbol{e}_3$ で 3 次元

(5) $a=1$ のとき基底は $\begin{pmatrix}1\\1\\1\\1\end{pmatrix}$ で 1 次元,

$a=-3$ のとき基底は $\begin{pmatrix}1\\1\\1\\-3\end{pmatrix}, \begin{pmatrix}1\\1\\-3\\1\end{pmatrix}, \begin{pmatrix}1\\-3\\1\\1\end{pmatrix}$ で 3 次元,

$a \neq 1, -3$ のとき基底は $\boldsymbol{e}_1, \boldsymbol{e}_2, \boldsymbol{e}_3, \boldsymbol{e}_4$ で 4 次元

問 3.5 (1) $a=-2, (2,3)$　(2) $a=3, (6,-3,0)$

問 3.6 $\left\langle \begin{pmatrix}-1\\2\\1\end{pmatrix} \right\rangle$

問 3.7 (1) $\dim V_1=2, \dim V_2=2, \dim(V_1+V_2)=2, \dim(V_1\cap V_2)=2$

(2) $\dim V_1=2, \dim V_2=3, \dim(V_1+V_2)=3, \dim(V_1\cap V_2)=2$

(3) $\dim V_1=2, \dim V_2=2, \dim(V_1+V_2)=4, \dim(V_1\cap V_2)=0$

問 3.8 (1) $\begin{pmatrix}-2 & -5\\1 & 1\end{pmatrix}, \begin{pmatrix}-5\\4\end{pmatrix}$　(2) $\begin{pmatrix}-2 & 2 & 1\\2 & -3 & 1\\-1 & -2 & 2\end{pmatrix}, \begin{pmatrix}-11\\11\\-1\end{pmatrix}$

問 3.9 (1) $\mathrm{Ker}\, f_A = \left\langle \begin{pmatrix}1\\1\\1\end{pmatrix} \right\rangle, \mathrm{Im}\, f_A = \left\langle \begin{pmatrix}1\\1\\-2\end{pmatrix}, \begin{pmatrix}1\\-2\\1\end{pmatrix} \right\rangle$

(2) $\mathrm{Ker}\, f_A = \left\langle \begin{pmatrix}-1\\3\\1\\0\end{pmatrix}, \begin{pmatrix}2\\1\\0\\1\end{pmatrix} \right\rangle, \mathrm{Im}\, f_A = \left\langle \begin{pmatrix}1\\2\\2\end{pmatrix}, \begin{pmatrix}1\\1\\3\end{pmatrix} \right\rangle$

問 3.10 (1) 核は 3 次元，像は 2 次元　(2) 核は 1 次元，像は 3 次元

問 3.11 (1) $a=\pm\dfrac{1}{\sqrt{2}}, b=-\dfrac{1}{\sqrt{2}}$　(2) $a=\pm\dfrac{\sqrt{13}}{3},\ b=-\dfrac{1}{3}$

問 3.12　略

問 3.13 (1) $\dfrac{1}{3}\begin{pmatrix} 1 & -2 & 2 \\ 2 & -1 & -2 \\ 2 & 2 & 1 \end{pmatrix}$

(2) $\begin{pmatrix} \sin\theta\cos\varphi & \sin\theta\sin\varphi & \cos\theta \\ \cos\theta\cos\varphi & \cos\theta\sin\varphi & -\sin\theta \\ -\sin\varphi & \cos\varphi & 0 \end{pmatrix}$

問 3.14 (1) $\dfrac{1}{3}\begin{pmatrix} -2 \\ 2 \\ -1 \end{pmatrix}$ (2) $\dfrac{1}{5}\begin{pmatrix} 4 \\ -1 \\ 2 \\ -2 \end{pmatrix}$ (3) $\dfrac{1}{\sqrt{10}}\begin{pmatrix} -1 \\ 3 \\ 0 \end{pmatrix}, \dfrac{1}{\sqrt{11}}\begin{pmatrix} -3 \\ -1 \\ 1 \end{pmatrix}$

(4) $\dfrac{1}{\sqrt{6}}\begin{pmatrix} -1 \\ 2 \\ -1 \end{pmatrix}, -\dfrac{1}{\sqrt{66}}\begin{pmatrix} 1 \\ 4 \\ 7 \end{pmatrix}$ (5) $\dfrac{1}{\sqrt{7}}\begin{pmatrix} 1 \\ 1 \\ -1 \\ -2 \end{pmatrix}, \dfrac{1}{\sqrt{287}}\begin{pmatrix} -6 \\ 1 \\ 13 \\ -9 \end{pmatrix}$

(6) $\dfrac{1}{\sqrt{2}}\begin{pmatrix} -1 \\ 0 \\ 0 \\ -1 \end{pmatrix}, \dfrac{1}{\sqrt{2}}\begin{pmatrix} 0 \\ 1 \\ -1 \\ 0 \end{pmatrix}, \dfrac{1}{2\sqrt{5}}\begin{pmatrix} -3 \\ -1 \\ -1 \\ 3 \end{pmatrix}$

問 3.15 (1) $V^{\perp} = \left\langle \begin{pmatrix} 2 \\ -3 \\ 1 \end{pmatrix} \right\rangle, \begin{pmatrix} 5 \\ -9 \\ -9 \end{pmatrix} = \begin{pmatrix} 1 \\ -3 \\ -11 \end{pmatrix} + \begin{pmatrix} 4 \\ -6 \\ 2 \end{pmatrix}$

(2) $V^{\perp} = \left\langle \begin{pmatrix} 2 \\ 1 \\ 0 \end{pmatrix}, \begin{pmatrix} -3 \\ 0 \\ 1 \end{pmatrix} \right\rangle, \begin{pmatrix} -6 \\ 1 \\ -2 \end{pmatrix} = \begin{pmatrix} -1 \\ 2 \\ -3 \end{pmatrix} + \begin{pmatrix} -5 \\ -1 \\ 1 \end{pmatrix}$

(3) $V^{\perp} = \left\langle \begin{pmatrix} -1 \\ -2 \\ 0 \\ 1 \end{pmatrix} \right\rangle, \begin{pmatrix} 3 \\ -5 \\ 3 \\ -1 \end{pmatrix} = \begin{pmatrix} -1 \\ -2 \\ 0 \\ 1 \end{pmatrix} + \begin{pmatrix} 4 \\ -3 \\ 3 \\ -2 \end{pmatrix}$

問 3.16 $\begin{pmatrix} 4 \\ 2 \\ 5 \end{pmatrix}$, 6

第4章

以下に述べる解答は1つの例である．ここで述べている解答は例と同じような方法で計算した場合の数値である．よって，例と異なる方法で計算した場合には，別の数値が解答になることもありえることを注意しておく．

問 4.1 (1) $-5, 1$ と $V_{-5} = \langle \begin{pmatrix} -1 \\ 3 \end{pmatrix} \rangle, V_1 = \langle \begin{pmatrix} 1 \\ 0 \end{pmatrix} \rangle$

(2) $1, 5$ と $V_1 = \langle \begin{pmatrix} 2 \\ 1 \end{pmatrix} \rangle, V_5 = \langle \begin{pmatrix} 3 \\ 1 \end{pmatrix} \rangle$

(3) 5 と $V_5 = \langle \begin{pmatrix} 3 \\ 1 \end{pmatrix} \rangle$

(4) $1, 2, 9$ と $V_1 = \langle \begin{pmatrix} 1 \\ 0 \\ 0 \end{pmatrix} \rangle, V_2 = \langle \begin{pmatrix} -1 \\ 1 \\ 0 \end{pmatrix} \rangle, V_9 = \langle \begin{pmatrix} 17 \\ -24 \\ 56 \end{pmatrix} \rangle$

(5) $2, 6$ と $V_2 = \langle \begin{pmatrix} -3 \\ 1 \\ 0 \end{pmatrix}, \begin{pmatrix} -1 \\ 0 \\ 1 \end{pmatrix} \rangle, V_6 = \langle \begin{pmatrix} 1 \\ 1 \\ 0 \end{pmatrix} \rangle$

(6) $-2, -1$ と $V_{-2} = \langle \begin{pmatrix} 1 \\ 4 \\ 0 \end{pmatrix}, \begin{pmatrix} 1 \\ 0 \\ 2 \end{pmatrix} \rangle, V_{-1} = \langle \begin{pmatrix} 1 \\ 1 \\ 1 \end{pmatrix} \rangle$

(7) $-2, 1, 4$ と $V_{-2} = \langle \begin{pmatrix} 1 \\ -1 \\ 1 \end{pmatrix} \rangle, V_1 = \langle \begin{pmatrix} 2 \\ -5 \\ 5 \end{pmatrix} \rangle, V_4 = \langle \begin{pmatrix} -1 \\ 0 \\ 1 \end{pmatrix} \rangle$

(8) 2 と $V_2 = \langle \begin{pmatrix} 3 \\ 1 \\ 0 \end{pmatrix}, \begin{pmatrix} -1 \\ 0 \\ 1 \end{pmatrix} \rangle$

(9) $-2, -1, 1$ と $V_{-2} = \langle \begin{pmatrix} 1 \\ 2 \\ 2 \end{pmatrix} \rangle, V_{-1} = \langle \begin{pmatrix} 0 \\ 1 \\ 1 \end{pmatrix} \rangle, V_1 = \langle \begin{pmatrix} 1 \\ 2 \\ 1 \end{pmatrix} \rangle$

(10) $-1, 0$ と $V_{-1} = \langle \begin{pmatrix} -2 \\ 1 \\ 1 \\ 0 \end{pmatrix}, \begin{pmatrix} 1 \\ 0 \\ 0 \\ 1 \end{pmatrix} \rangle, V_0 = \langle \begin{pmatrix} 1 \\ -1 \\ 2 \\ 0 \end{pmatrix}, \begin{pmatrix} 1 \\ 1 \\ 0 \\ 2 \end{pmatrix} \rangle$

(11) $-1, 1, 2$ と $V_{-1} = \langle \begin{pmatrix} 2 \\ -1 \\ 2 \\ 0 \end{pmatrix}, \begin{pmatrix} -1 \\ 1 \\ 0 \\ 1 \end{pmatrix} \rangle, V_1 = \langle \begin{pmatrix} -1 \\ 2 \\ 1 \\ 2 \end{pmatrix} \rangle,$

$V_2 = \langle \begin{pmatrix} 0 \\ 1 \\ 1 \\ 0 \end{pmatrix} \rangle$

問 4.2 i) (1) $P = \begin{pmatrix} -2 & -1 \\ 3 & 2 \end{pmatrix}, P^{-1}AP = \begin{pmatrix} 2 & 0 \\ 0 & 5 \end{pmatrix}$

(2) $P = \begin{pmatrix} 1 & 0 & 1 \\ -2 & -1 & -1 \\ 3 & 1 & 1 \end{pmatrix}, P^{-1}AP = \begin{pmatrix} 3 & 0 & 0 \\ 0 & 4 & 0 \\ 0 & 0 & 5 \end{pmatrix}$

(3) $P = \begin{pmatrix} -1 & -1 & -1 \\ 0 & -1 & 2 \\ 1 & 1 & 0 \end{pmatrix}, P^{-1}AP = \begin{pmatrix} -1 & 0 & 0 \\ 0 & 1 & 0 \\ 0 & 0 & 2 \end{pmatrix}$

ii) (1) $\lambda_1 = -3, \lambda_2 = 5 \quad \boldsymbol{b}_1 = \begin{pmatrix} -3 \\ 5 \end{pmatrix}, \boldsymbol{b}_2 = \begin{pmatrix} -1 \\ 2 \end{pmatrix}$

(2) $(1,2)$　(3) $\begin{pmatrix} (-3)^{n+1} - 2\cdot 5^n \\ 5\cdot(-3)^n + 4\cdot 5^n \end{pmatrix}$

問 4.3 (1) $P = \dfrac{1}{\sqrt{5}}\begin{pmatrix} 2 & -1 \\ 1 & 2 \end{pmatrix}$, ${}^tPAP = \begin{pmatrix} -5 & 0 \\ 0 & 5 \end{pmatrix}$

(2) $P = \dfrac{1}{3\sqrt{2}}\begin{pmatrix} 1 & -2\sqrt{2} & -3 \\ 1 & -2\sqrt{2} & 3 \\ 4 & \sqrt{2} & 0 \end{pmatrix}$, ${}^tPAP = \begin{pmatrix} -9 & 0 & 0 \\ 0 & 0 & 0 \\ 0 & 0 & 9 \end{pmatrix}$

(3) $P = \dfrac{1}{\sqrt{6}}\begin{pmatrix} -\sqrt{3} & 1 & -\sqrt{2} \\ \sqrt{3} & 1 & -\sqrt{2} \\ 0 & 2 & \sqrt{2} \end{pmatrix}$, ${}^tPAP = \begin{pmatrix} -2 & 0 & 0 \\ 0 & -2 & 0 \\ 0 & 0 & 1 \end{pmatrix}$

(4) $P = \begin{pmatrix} \dfrac{2}{\sqrt{29}} & \dfrac{5}{\sqrt{870}} & -\dfrac{5}{\sqrt{30}} \\ \dfrac{5}{\sqrt{29}} & -\dfrac{2}{\sqrt{870}} & \dfrac{2}{\sqrt{30}} \\ 0 & \dfrac{29}{\sqrt{870}} & \dfrac{1}{\sqrt{30}} \end{pmatrix}$, ${}^tPAP = \begin{pmatrix} -10 & 0 & 0 \\ 0 & -10 & 0 \\ 0 & 0 & 20 \end{pmatrix}$

問 4.4 (1) $P = \begin{pmatrix} -1 & 1 \\ 3 & 0 \end{pmatrix}$, $P^{-1}AP = \begin{pmatrix} -5 & 0 \\ 0 & 1 \end{pmatrix}$

(2) $P = \begin{pmatrix} 2 & 3 \\ 1 & 1 \end{pmatrix}$, $P^{-1}AP = \begin{pmatrix} 1 & 0 \\ 0 & 5 \end{pmatrix}$

(3) 対角化可能でない

(4) $P = \begin{pmatrix} 1 & -1 & 17 \\ 0 & 1 & -24 \\ 0 & 0 & 56 \end{pmatrix}$, $P^{-1}AP = \begin{pmatrix} 1 & 0 & 0 \\ 0 & 2 & 0 \\ 0 & 0 & 9 \end{pmatrix}$

(5) $P = \begin{pmatrix} -3 & -1 & 1 \\ 1 & 0 & 1 \\ 0 & 1 & 0 \end{pmatrix}$, $P^{-1}AP = \begin{pmatrix} 2 & 0 & 0 \\ 0 & 2 & 0 \\ 0 & 0 & 6 \end{pmatrix}$

(6) $P = \begin{pmatrix} 1 & 1 & 1 \\ 4 & 0 & 1 \\ 0 & 2 & 1 \end{pmatrix}$, $P^{-1}AP = \begin{pmatrix} -2 & 0 & 0 \\ 0 & -2 & 0 \\ 0 & 0 & -1 \end{pmatrix}$

(7) $P = \begin{pmatrix} 1 & -2 & -1 \\ -1 & -1 & 0 \\ 1 & 3 & 1 \end{pmatrix}$, $P^{-1}AP = \begin{pmatrix} -2 & 0 & 0 \\ 0 & 3 & 0 \\ 0 & 0 & 4 \end{pmatrix}$

(8) 対角化可能でない

(9) $P = \begin{pmatrix} 1 & 0 & 1 \\ 2 & 1 & 2 \\ 2 & 1 & 1 \end{pmatrix}$, $P^{-1}AP = \begin{pmatrix} -2 & 0 & 0 \\ 0 & -1 & 0 \\ 0 & 0 & 1 \end{pmatrix}$

(10) $P = \begin{pmatrix} -2 & 1 & 1 & 1 \\ 1 & 0 & -1 & 1 \\ 1 & 0 & 2 & 0 \\ 0 & 1 & 0 & 2 \end{pmatrix}$, $P^{-1}AP = \begin{pmatrix} -1 & 0 & 0 & 0 \\ 0 & -1 & 0 & 0 \\ 0 & 0 & 0 & 0 \\ 0 & 0 & 0 & 0 \end{pmatrix}$

(11) $P = \begin{pmatrix} 2 & -1 & -1 & 0 \\ -1 & 1 & 2 & 1 \\ 2 & 0 & 1 & 1 \\ 0 & 1 & 2 & 0 \end{pmatrix}$, $P^{-1}AP = \begin{pmatrix} -1 & 0 & 0 & 0 \\ 0 & -1 & 0 & 0 \\ 0 & 0 & 1 & 0 \\ 0 & 0 & 0 & 2 \end{pmatrix}$

問 4.5 (1) $P = \begin{pmatrix} -1 & 1 & 1 \\ -1 & 1 & 0 \\ 1 & 0 & 2 \end{pmatrix}$, $P^{-1}AP = \begin{pmatrix} -1 & 0 & 0 \\ 0 & 1 & 0 \\ 0 & 0 & 1 \end{pmatrix}$

(2) 対角化可能でない

(3) 対角化可能でない

問 4.6 (1) $a+1$, $2a-3$

(2) $a=2$ のとき，対角化可能でない.

$a=3$ のとき，対角化可能．$P = \begin{pmatrix} -1 & 3 & -2 \\ 1 & 0 & 1 \\ 0 & 1 & 0 \end{pmatrix}$, $P^{-1}BP = \begin{pmatrix} 3 & 0 & 0 \\ 0 & 3 & 0 \\ 0 & 0 & 4 \end{pmatrix}$

$a=4$ のとき，対角化可能．$P = \begin{pmatrix} 1 & 0 & 4 \\ 0 & 1 & -2 \\ 0 & 0 & 1 \end{pmatrix}$, $P^{-1}BP = \begin{pmatrix} 5 & 0 & 0 \\ 0 & 5 & 0 \\ 0 & 0 & 3 \end{pmatrix}$

問 4.7 (1) 正定値　(2) 正定値でない　(3) 正定値でない

(4) 正定値でない　(5) 正定値

(6) $a > 1 + \sqrt{3}$ のとき，正定値，$a \leqq 1 + \sqrt{3}$ のとき，正定値でない

索　引

◇な 行◇

◇は 行◇

◇や 行◇

◇ら 行◇

◇わ 行◇

米田二良（こめだじりょう）　神奈川工科大学教授　理学博士

計算問題中心の 線形代数学　**第 2 版**

1997 年 4 月 1 日　第 1 版　第 1 刷　発行
2010 年 3 月 20 日　第 1 版　第 14 刷　発行
2010 年 11 月 10 日　第 2 版　第 1 刷　発行
2024 年 2 月 10 日　第 2 版　第 13 刷　発行

著　者　米 田 二 良
発 行 者　発 田 和 子
発 行 所　株式会社　学術図書出版社
〒113−0033　東京都文京区本郷 5 丁目 4 の 6
TEL 03−3811−0889　振替　00110−4−28454
印刷　三松堂印刷 (株)

定価はカバーに表示してあります.

ISBN978−4−7806−0166−4　C3041